编写整洁的Python代码

Clean Code in Python

[西] 马里亚诺·阿那亚（Mariano Anaya） 著

包永帅 周 立 译

人民邮电出版社

北 京

图书在版编目（CIP）数据

编写整洁的Python代码 /（西）马里亚诺·阿那亚
(Mariano Anaya) 著；包永帅，周立译. -- 北京：人
民邮电出版社，2021.1
　ISBN 978-7-115-54802-3

　Ⅰ. ①编… Ⅱ. ①马… ②包… ③周… Ⅲ. ①软件工
具－程序设计 Ⅳ. ①TP311.56

　中国版本图书馆CIP数据核字(2020)第168648号

- ◆　著　　　　[西]马里亚诺·阿那亚（Mariano Anaya）
　　译　　　　包永帅　周　立
　　责任编辑　吴晋瑜
　　责任印制　王　郁　焦志炜
- ◆　人民邮电出版社出版发行　　北京市丰台区成寿寺路 11 号
　　邮编　100164　电子邮件　315@ptpress.com.cn
　　网址　https://www.ptpress.com.cn
　　大厂回族自治县聚鑫印刷有限责任公司印刷
- ◆　开本：800×1000　1/16
　　印张：18
　　字数：317 千字　　　　　　　2021 年 1 月第 1 版
　　印数：1 – 2 000 册　　　　　2021 年 1 月河北第 1 次印刷
　　著作权合同登记号　图字：01-2018-8914 号

定价：79.00 元
读者服务热线：(010)81055410　印装质量热线：(010)81055316
反盗版热线：(010)81055315
广告经营许可证：京东市监广登字 20170147 号

内容提要

本书介绍 Python 软件工程的主要实践和原则，旨在帮助读者编写更易于维护和更整洁的代码。全书共 10 章：第 1 章介绍 Python 语言的基础知识和搭建 Python 开发环境所需的主要工具；第 2 章描述 Python 风格代码，介绍 Python 中的第一个习惯用法；第 3 章总结好代码的一般特征，回顾软件工程中的一般原则；第 4 章介绍一套面向对象软件设计的原则，即 SOLID 原则；第 5 章介绍装饰器，它是 Python 的最大特性之一；第 6 章探讨描述符，介绍如何通过描述符从对象中获取更多的信息；第 7 章和第 8 章介绍生成器以及单元测试和重构的相关内容；第 9 章回顾 Python 中最常见的设计模式；第 10 章再次强调代码整洁是实现良好架构的基础。

本书适合所有 Python 编程爱好者、对程序设计感兴趣的人，以及其他想学习更多 Python 知识的软件工程的从业人员。

译者简介

包永帅　京东物流高级开发工程师，负责供应链产品的研发设计和开发工作。有丰富的亿级流量系统设计经验，以及丰富的大数据和分布式系统开发经验。擅长使用 Python 语言进行大数据分析和建模。

周立　京东供应链算法产品研发经理，目前为京东物流供应链的数据业务线负责人，负责供应链的商品布局产品。精通 Python 语言和 R 语言，主要研究方向为运筹学领域的算法建模，负责落地算法验证性测试，已为国内 20 余个行业头部商家提供专业的供应链算法解决方案。

前言

这是一本关于 Python 软件工程原理方面的书。

关于软件工程的书有很多，关于 Python 的可用资源也有很多，但要将这两者结合起来，还有许多工作要做。本书正是尝试在这二者之间架起一座桥梁。

要想在一本书中涵盖关于软件工程的所有主题是不现实的，因为软件工程的领域十分广泛，而且针对某个特定的主题会有专门的图书去介绍。本书重点介绍 Python 软件工程的主要实践和原则，旨在帮助读者编写更易于维护的代码，同时教读者利用 Python 的特性来编写代码。

简而言之，对于软件工程领域的问题，解决方案通常都不止一种。一般来说，这是一个多方平衡的问题。每种解决方案有各自的优缺点，我们必须遵循一些标准来选择它们，在付出一定成本的同时也获得一定的好处。通常没有所谓单一的最佳解决方案，但是仍有一些原则需要遵循。只要遵循了这些原则，你就会走上一条风险更小的道路。本书鼓励你遵循这些原则，做出最佳选择，因为即使面临困难，如果遵循好的实践方式，仍然能得到较好的结果。

说到良好的实践，一部分可以阐释为遵循了一些既定的且经过验证的原则，另一部分是依据自己想法的原则。但这并不意味着良好的实践必须以某种特定的方式去完成。我并没有说自己在代码整洁的问题上多么权威，因为本来就不可能存在这样的命题，而是鼓励你进行重要的思考——采取什么样的方法对项目才是最有效的，并要勇于提出不同的意见。只要意见分歧能够引发具有启发性的讨论，就是值得鼓励的。

之所以编写本书，主要是为了分享学习 Python 的乐趣，以及我从经验中总结的一些习惯用法，并希望这些内容能够帮助你拓展 Python 语言专业知识。

本书通过代码示例阐释如何编写整洁的代码。这些代码示例使用的都是 Python 3.7

版本，当然将来的版本也是兼容的。代码不会涉及任何与某特定平台绑定的特性，因为有 Python 解释器的存在，所以可以在任何操作系统上测试代码示例。

在大多数示例中，为了尽可能保持代码的简单，功能实现及其测试都是使用普通 Python 来编写的（仅仅使用了标准库）。在某些章节中，我们需要用到一些额外的库，为了运行这些示例代码，运行说明会与 requirements.txt 文件一并给出。

本书所介绍 Python 提供的那些特性，都是为了使代码变得更好、更可读且更易于维护。我们不仅要探索 Python 的语言特性，还要分析在 Python 中如何进行软件工程实践。你可能会注意到，有些参考实现在 Python 中是完全不同的，某些原则或模式只是稍有变化，而另外一些原则或模式甚至可能完全不适用。能够理解各种不同的示例就意味着你有机会进一步深入了解 Python 语言。

读者对象

本书适合所有对软件设计感兴趣以及想学习更多 Python 知识的软件工程的从业人员。本书假设你已经熟悉面向对象软件设计的原理，并有一定编写代码的经验。

本书适合所有不同级别的 Python 学习者，对于学习 Python 很有好处，因为本书内容是按照从简单到复杂依次排序的。这是学习 Python 语言中主要习惯用法、函数和实用程序的首选方法。其思想是不但要用 Python 解决一些问题，而且要以一种惯用的方式来解决这些问题。

有经验的程序员也可以从中受益，因为其中一些章节介绍了 Python 中的高级主题，例如装饰器、描述符，以及异步编程。本书将帮助你探索更多关于 Python 的内容，因为一些示例是从语言的内部进行分析的。

值得强调的是前文提到的"从业人员"一词。这是一本很实用的书。示例虽然仅限于研究案例所需的内容，但也旨在模拟软件项目的真实应用场景。这不是一部学术著作，因此请谨慎对待所给出的定义、评论和提出的建议。你应该批判地、务实地去看待这些内容，而不是教条式地全盘接受它们。毕竟，实用才是最重要的。

章节提要

第 1 章　简介、代码格式和工具，介绍搭建 Python 开发环境所需的主要工具、Python 开发人员在开始使用该语言时需要了解的基本知识，以及维护项目中代码可读性的一些指导原则，如用于静态分析、文档、类型检查和代码格式化的工具。

第 2 章　Python 风格代码，介绍 Python 中的第一个习惯用法——我们在后续章节中将继续使用它。本章还会介绍一些 Python 的独有特性，以及如何使用它们，并且开始围绕 "Python 风格代码如何能够让代码质量更高" 展开论述。

第 3 章　好代码的一般特征，回顾软件工程的一般原则，以期帮助读者编写可维护的代码。本章就这个话题展开讨论，并利用 Python 语言中的工具应用这些原则。

第 4 章　SOLID 原则，介绍面向对象软件设计的 SOLID 原则。SOLID 是软件工程领域的行业术语，即 SRP、OCP、LSP、ISP 和 DIP。本章会展示这 5 项原则在 Python 中的应用。可以说，鉴于 Python 语言的性质，并非所有方法都完全适用。

第 5 章　用装饰器改进代码，介绍 Python 的最大特性之一——装饰器。在了解如何创建装饰器（用于函数和类）之后，我们将其用于代码重用、责任分离和创建更细粒度的函数。

第 6 章　用描述符从对象中获取更多信息，探讨 Python 中的描述符，它把面向对象设计提升到了一个新的层次。尽管这更多只是一个与框架和工具相关的特性，但我们可以看到如何用描述符提高代码的可读性，以及如何重用代码。

第 7 章　使用生成器，说明生成器可能是 Python 的最佳特性。事实上，迭代是 Python 的核心组件，这让我们认为它引申出了一种新的编程范式。一般来说，通过使用生成器和迭代器，我们可以考虑编写程序的方式。基于从生成器中吸取的知识，我们将进一步了解 Python 中的协同程序以及异步编程的基本知识。

第 8 章　单元测试和重构，讨论单元测试在任何所谓 "可维护的代码库" 中的重要性。本章回顾了单元测试的重要性，并探究了单元测试的主要框架（unittest 和 pytest）。

第 9 章　常见的设计模式，回顾如何在 Python 中实现最常见的设计模式，不是从解决问题的角度，而是通过研究如何利用更好和更易于维护的解决方案来解决问题。本章提到了 Python 的一些特性，这些特性使得一些设计模式不可见，并采用实用的方法实现了其中的一些设计模式。

第 10 章 整洁架构，强调代码整洁是实现良好架构的基础。我们在第 1 章中提到的所有细节，以及在此过程中重温的其他内容，在部署系统时都将在整个设计中发挥关键作用。

体例约定

为了便于阅读，本书使用了一些特殊的体例格式，具体如下。

（1）黑体表示这是一个新的名词术语，或者是需要强调的内容。

（2）　　　表示警告或重要注释。

（3）　　　表示提示和小窍门。

资源与支持

本书由异步社区出品，社区（https://www.epubit.com/）为你提供相关资源和后续服务。

配套资源

本书为读者提供源代码。读者可在异步社区本书页面中单击 [配套资源]，跳转到下载界面，按提示进行操作即可。注意：为保证购书读者的权益，该操作会给出相关提示，要求输入提取码进行验证。

提交勘误

作者和编辑尽最大努力来确保书中内容的准确性，但难免还会存在疏漏。欢迎读者将发现的问题反馈给我们，帮助我们提升图书的质量。

如果读者发现错误，请登录异步社区，搜索到本书页面，单击"提交勘误"，输入相关信息，单击"提交"按钮即可。本书的作者和编辑会对读者提交的勘误进行审核，确认并接受后，将赠予读者异步社区的 100 积分（积分可用于在异步社区兑换优惠券，或者用于兑换样书或奖品）。

扫码关注本书

扫描下方二维码，读者将会在异步社区微信服务号中看到本书信息及相关的服务提示。

与我们联系

我们的联系邮箱是 contact@epubit.com.cn。

如果读者对本书有任何疑问或建议，请发送邮件给我们，并请在邮件标题中注明本书书名，以便我们更高效地做出反馈。

如果读者有兴趣出版图书、录制教学视频，或者参与图书翻译、技术审校等工作，可以发邮件给我们；有意出版图书的作者也可以到异步社区在线投稿（直接访问 www.epubit.com/selfpublish/submission 即可）。

如果读者来自学校、培训机构或企业，想批量购买本书或异步社区出版的其他图书，也可以发邮件给我们。

如果读者在网上发现有针对异步社区出品图书的各种形式的盗版行为，包括对图书全部或部分内容的非授权传播，请将怀疑有侵权行为的链接发邮件给我们。这一举动是对作者权益的保护，也是我们持续为广大读者提供有价值的内容的动力之源。

关于异步社区和异步图书

"异步社区"是人民邮电出版社旗下 IT 专业图书社区，致力于出版精品 IT 图书和相关学习产品，为作译者提供优质出版服务。异步社区创办于 2015 年 8 月，提供大量精品 IT 图书和电子书，以及高品质技术文章和视频课程。更多详情请访问异步社区官网 https://www.epubit.com。

"异步图书"是由异步社区编辑团队策划出版的精品 IT 专业图书的品牌，依托于人民邮电出版社近 40 年的计算机图书出版积累和专业编辑团队，相关图书在封面上印有异步图书的 LOGO。异步图书的出版领域包括软件开发、大数据、人工智能、测试、前端、网络技术等。

异步社区

微信服务号

目录

第1章
简介、代码格式和工具

本章介绍与代码整洁相关的第一个概念——什么是代码整洁，以及代码整洁意味着什么。本章旨在让你明白，整洁的代码不是软件项目中的"好东西"或"奢侈品"，而是必需品。没有高质量的代码，项目会面临因累积的技术债务而带来的失败风险。

本章还会详细介绍代码格式化和代码注释的概念，这也许听起来有点多余，但是将来你会发现，代码格式化和代码注释在保持代码的可维护性和可操作性方面起着非常重要的作用。

接着，本章会探讨为项目采用良好编码规范的重要性。意识到维护代码与文档保持一致是一项持续的任务，我们就能明白利用自动化工具可以简化我们的工作。为此，我们快速讨论如何配置主要工具，以便让它们作为构建的一部分在项目上自动运行。

通过学习本章的内容，你将了解什么是代码整洁、代码整洁为什么如此重要、为什么格式化和文档化是编码的关键任务，以及如何实现这个过程的自动化。由此，你应该具备快速组织新项目结构的思维方式，并以获得良好的代码质量为目标。

通过学习本章的内容，你将了解以下要点。

（1）代码整洁实际上远比软件架构中的格式化重要。

（2）代码整洁很重要，但为了代码的可维护性，在软件项目中使用标准格式也是十分关键的。

（3）如何使用 Python 提供的特性实现代码文档的自动生成。

（4）如何配置工具才能以一致的方式安排代码的布局，以便团队成员能够将更多精力放在关注业务问题的本质上。

1.1　代码整洁的意义

对于代码整洁，没有唯一的或者严格的定义，而且可能无法正式地衡量怎样才算代码整洁，因此你不能在代码仓库上运行一个可以告诉你代码是好是坏、可维护性如何的工具。当然，你可以运行检查器、代码校验器、静态分析器等工具。这些工具会给你很大的帮助。它们是必需的，但光有这些还远远不够。代码整洁与否不是机器或脚本能说了算的（到目前为止），而是作为专业人员的我们才能决定的。

几十年来，我们沿用"编程语言"这个术语，并将其视为把我们的想法传达给计算机的语言，可以让计算机运行我们的程序。但是我们错了，这仅仅是部分事实。编程语言背后的"真正语言"是将我们的想法传达给其他开发人员的语言。

这才是代码整洁的真正本质所在。它取决于其他开发人员是否能够读取和维护代码。作为专业人士，我们是唯一能够判断这一点的人。想想看，作为开发人员，我们阅读代码的时间比实际编写代码的时间要多得多。每当我们想要更改或添加新功能，首先必须阅读需要修改或扩展的代码的所有上下文内容。编程语言（Python）就是开发人员实现互相沟通的语言。

因此，本书并不会给出代码整洁的定义，而是给出所有关于 Python 的惯用内容，以帮助你了解好代码和坏代码之间的区别，识别好代码和好架构的特征，然后让你从自己的角度理解代码整洁的含义。读完本书，你将能够自行判断和分析代码，并将对代码整洁有更透彻的理解。不管给出什么定义，你都会知道代码整洁是什么以及它意味着什么。

1.2　代码整洁的重要性

为什么保持代码整洁如此重要，原因有很多。大多数原因与可维护性、减少技术债务、有效配合敏捷开发以及管理一个成功的项目的想法有关。

我们想探讨的第一个想法是关于敏捷开发和持续交付的。如果希望项目能够以稳定和可预测的速度不断成功地交付特性，那么必须有一个良好且可维护的代码库。

假设你正驾驶着一辆汽车行驶在去往某个目的地的道路上,而且想要在某个时间点之前到达那里。你必须预估自己到达目的地的时间,这样才能告知正在等你的人。如果汽车不出故障,道路十分平坦,那么你的预估不大可能有太大的偏差;相反,如果道路被破坏,你必须下车把石头移开,或者要避开裂缝,抑或每隔几千米就必须停下来检查一下发动机等,那么你不太可能确定什么时候到达(或者你是否能到达)。这个比喻明确易懂,这里的道路可以理解为代码。如果希望以稳定、恒定和可预测的速度向前推进项目,那么代码应该是可维护和可读的。

技术债务是指因妥协或所做出的不良决策而导致的软件问题。在某种程度上,我们可以从两个方面考虑技术债务问题。一是从过去到现在,如果我们当前面临的问题是由之前编写的错误代码造成的,那会怎样?二是从现在到将来,如果我们决定现在就走捷径,而不是花时间去寻找合适的解决方案,那么未来又会为自己带来什么麻烦?

"债务"这个词用得恰如其分。这是一笔债务,因为在未来代码将比现在更难以修改。产生的成本就是债务的利息。产生的技术债务意味着,明天修改代码比今天更困难,成本更高,而且后天的成本会更昂贵,等等。

一旦团队不能按时交付一些东西,并且不得不停下来去修复和重构代码,代码就要付出技术债务的代价。

技术债务最糟糕的一点是它代表了一个长期和根本的问题。这不是什么值得高度警觉的东西。相反,这是一个悄无声息的问题,这个问题分散在整个项目的各个部分,在某一天,在某一个特定的时间,这个问题会"醒来",并成为项目推进的阻碍。

1.2.1 代码格式化在代码整洁中的作用

代码整洁是指根据一些标准(例如,PEP-8 或由项目规范定义的自定义标准)进行的代码格式化和结构化吗?并非如此。

代码整洁远远不止编码标准、格式化、美化工具和其他有关代码布局的检查这些内容。代码整洁是关于实现高质量的软件和建立一个健壮、可维护和避免技术债务的系统的。一段代码或整个软件组件可以百分之百符合 PEP-8(或任何其他准则)标准,但仍可能无法满足上述要求。

然而,不注意代码的结构会有一些危险。鉴于此,我们先来分析不良代码结构的问题以及如何解决这些问题，然后介绍如何为 Python 项目配置和使用工具，以便自动检查和纠正问题。

综上所述，我们可以说代码整洁与 PEP-8 或编码风格没有任何关系。代码整洁的意义远不止于此，除了可维护性和软件的质量，它还意味着更有意义的东西。不过，正如你将看到的，要实现高效工作，正确地格式化代码非常重要。

1.2.2　在项目中遵循编码风格准则

编码准则是项目在质量标准下开发时必须考虑的最低要求。在本节中，我们将探讨其背后的原因。接下来我们开始探讨如何通过工具自动在项目中遵循编码风格准则。

在试图考虑在代码布局中找到某种好的特性时，我们首先想到的就是一致性。我们希望代码能够具有一致的结构，以便更易阅读和理解。如果代码不正确或者结构不一致，并且团队中的每个人都以自己的方式做事，那么最终得到的将是需要额外努力和集中精力才能正确理解的代码。这样的代码很容易引起误解，并且由此引发的漏洞或微小的错误很可能被忽略。

上述情况是我们想要避免的。我们想要的是一眼就能读懂和理解的代码。

如果开发团队的成员都同意采用标准化的方式编写代码，那么所得到的代码看起来会更加熟悉。这样，你就能快速识别模式，并且记住这些模式，进而能更容易地理解内容和检测错误。例如，当某些代码出错时，你可能会在你熟悉的模式中看到一些奇怪的东西——它们会吸引你的注意，再仔细观察，就很可能发现错误！

正如经典著作 *Code Complete* 中所述的，在名为 *Perception in Chess*（1973 年）的论文中对此进行了有趣的分析，该论文提到了一项实验，以确定不同的人如何理解或记忆不同的棋局。该实验针对不同级别的棋手（新手、中级棋手和象棋高手）以及棋盘上不同位置的棋局来进行统计。他们发现，当棋子的位置是随机的时候，新手能和象棋高手表现得一样好。因为这只是一个记忆练习，任何人都可以发挥出合理的水平。但当棋子的位置遵循一个可能发生在一场真正对弈中的一些逻辑顺序（或者，遵守某种一致性，坚持某种模式时）时，那么象棋高手们的表现比其他人要好得多了。

现在我们想象一下，同样的情况也适用于软件开发。作为 Python 方面的软件工程师专家，我们就好比上述例子中的象棋高手。如果代码的结构是随机的，没有遵循任何逻辑或者没有遵循任何标准，我们就会像一个新手开发人员一样，很难发现错误；如果我们习惯以结构化的方式阅读代码，并且通过遵循这种模式学会从代码中快速获得想法，就会在项目开发中比其他开发人员更有优势。

就 Python 而言，你应该遵循的编码风格是 PEP-8。你可以对其进行扩展或采用其中的一部分，以适应正在参与的项目的某种特殊性（如行的长度、字符串的注释等）。不过，我们建议，无论你使用最原始版本的 PEP-8 规范还是对它进行扩展，都应该坚持使用，而不是从头开始尝试另一个不同的标准。

这是因为 PEP-8 充分考虑了 Python 语法的许多特殊性（通常不适用于其他语言），并且它是由对 Python 语法做出贡献的核心 Python 开发人员创建的。因此，我们认为其他标准其实很难与 PEP-8 相提并论，更不用说超越它了。

尤其是，在处理代码时，PEP-8 还有一些不错的改进特性。

（1）**可进行 grep**。这就是在代码中对内容进行 grep 的能力，即在某些文件（以及这些文件的某个部分）中搜索所要查找的特定字符串。PEP-8 引入的特性之一是区分将值赋值写入变量的方式和传递给函数的关键字参数的方式。

为了更好地理解这一点，我们用一个示例加以阐释。假设我们正在进行调试，需要找到名为 location 的参数值的传递位置。我们可以运行以下 grep 命令，获悉要查找内容所在的文件和行号。

```
$ grep -nr "location=" .
./core.py:13: location=current_location,
```

现在，我们想知道这个变量在哪里被分配这个值，则可以运行以下命令。

```
$ grep -nr "location =" .
./core.py:10: current_location = get_location()
```

PEP-8 建立了这样一种约定，即当通过关键字向函数传递参数时，不使用空格，但在分配变量时使用空格。因此，我们可以调整搜索条件（第一次搜索时等号两侧没有空格，第二次搜索时等号两侧都有一个空格），从而提高搜索效率。这是遵守约定的好处之一。

（2）**一致性**。如果代码看起来有一种统一的格式，阅读起来就会容易得多。这对于新加入项目的人来说尤为重要，如果你希望有新的开发人员加入项目，或者为团队聘用新的（可能经验不足的）程序员，那么他们势必要熟悉代码（甚至可能由多个代码仓库组成）。如果代码格式、文档、命名约定等在所有代码仓库的所有文件中都是相同的，那么他们的工作将变得更加轻松。

（3）**代码质量**。以结构化的方式查看代码，你一下子就能更熟练地理解它（就像在 *Perception in Chess* 中所说的那样），并且更容易发现程序的漏洞和错误。除此之外，检查代码质量的工具也会提示潜在的错误。对代码的静态分析可能有助于降低每行代码的错误率。

1.3　文档字符串和注解

本节主要介绍如何在代码内部对 Python 中的代码进行文档化。好的代码是自解释型的，但仍然需要有很好的文档记录。我们需要解释代码应该做什么（而不是怎么做）。

一个重要的区别是：为代码编写文档与为代码添加注释是不同的。注释是不好的，应该避免使用。通过文档，我们可以找到解释数据类型、提供数据类型示例以及注释变量的说明。

这在 Python 中是相关的，由于 Python 变量是动态类型的，很容易在函数和方法之间丢失变量或对象的值，因此声明这些信息将使代码更易读。

还有一个与注释特别相关的内容，即还可以通过 Mypy 等工具帮助运行一些自动检查，如类型提示，最后让添加注释变得有益。

1.3.1　文档字符串

简单来说，我们可以说文档字符串基本上是嵌在源代码中的文档。文档字符串其实就是一个普通的字符串，可以放在代码中的某个地方，目的是为了记录这一部分的逻辑。

注意，我们重点强调的"文档"这个词。这种微妙之处很重要，因为它是用来解释的，而不是用来判断的。文档字符串不是注释，它们是文档。

在代码中添加注释是一种糟糕的做法，具体原因有很多。首先，添加注释意味着我们未能在代码中表达自己的想法。如果我们真的需要解释为什么或者如何做某事，那么说明这个代码可能不够好——它不是不解自明的，还可能产生误导。相比花些时间阅读复杂的代码片段，更糟糕的是阅读了说明代码应该如何工作的注释，却发现代码实际上做了一些不同的事情。人们在更改代码时往往会忘记更新注释，因此位于刚更改的行旁边的注释就会过时，并将造成危险的误导。

有时，在个别情况下，我们不得不添加注释，例如可能因为某个第三方库有一个错误，我们必须规避。在这些情况下，放置一个描述性的小注释是可以接受的。

然而，对于文档字符串，情况就不同了。再次说明，它们不代表注释，而是代码中特定组件（模块、类、方法或函数）的文档。使用文档字符串不但是被接受的，而且是值得鼓励的。尽可能添加文档字符串是很好的实践。

文档字符串在代码中（甚至可能是必需的，这取决于项目的标准）之所以是一个好东西，是因为 Python 是动态类型的。这意味着函数可以将任何东西作为其任何参数的值。Python 不会强制或检查类似的内容。因此，假设你在代码中找到了一个必须修改的函数，而且不巧这个函数有一个描述性名称，它的参数也有描述性名称，但是你有可能仍然不太清楚应该传递给它什么类型。在这种情况下，我们该如何使用这个函数呢？

这时，一个好的文档字符串可能会有所帮助。记录函数的预期输入和输出是不错的做法，有助于阅读相关代码的人理解这个函数应该如何工作。

我们来看标准库中下面这个非常好的例子：

```
In [1]: dict.update??
Docstring:
D.update([E, ]**F) -> None. Update D from dict/iterable E and F.
If E is present and has a .keys() method, then does: for k in E: D[k] =
E[k]
If E is present and lacks a .keys() method, then does: for k, v in E: D[k]
= v
In either case, this is followed by: for k in F: D[k] = F[k]
Type: method_descriptor
```

其中，字典 update 方法的文档字符串提供了有用的信息，它告诉我们可以以不同的方式使用它。

（1）可以使用.keys()方法传递某些内容（如另一个字典），它将使用每个参数传递的对象的键更新原始字典：

```
>>> d = {}
>>> d.update({1: "one", 2: "two"})
>>> d
{1: 'one', 2: 'two'}
```

（2）可以传递成对的键和值，并对它们加以解析，然后传给 update 方法：

```
>>> d.update([(3, "three"), (4, "four")])
>>> d
{1: 'one', 2: 'two', 3: 'three', 4: 'four'}
```

在任何情况下，字典都将使用传递给它的其余关键字参数进行更新。

这些信息对于必须学习和理解新功能如何工作以及如何利用它的人来说至关重要。

注意，在上面的示例中，我们通过在函数上使用双问号（dict.update??）获得了该函数的文档字符串。这是 IPython 交互式解释器的一个特性。此函数被调用时，将打印所需对象的文档字符串。现在，假设以同样的方式，我们从标准库的这个功能中获得了帮助，如果你在编写的函数上放置文档字符串，以便其他人能够以相同的方式理解它们的操作，这能使你（代码的用户）的工作轻松多少？

文档字符串不是从代码中分离出来的内容。它是代码的一部分，可供访问。当一个对象定义了一个文档字符串时，文档字符串通过__doc__属性成为对象的一部分：

```
>>> def my_function():
... """Run some computation"""
... return None
...
>>> my_function.__doc__
'Run some computation'
```

这意味着甚至可以在运行时访问它，甚至可以从源代码生成或编译文档。事实上，这是有工具可以实现的。如果运行 Sphinx，即可为项目的文档创建基本的框架。通过 autodoc（sphinx.ext.autodoc）扩展，该工具将从代码中获取文档字符串，并将它们放在文档功能的页面中。

一旦有了构建文档的工具，你应该将其公布出来，使其成为项目本身的一部分。对于开放源代码项目，你可以使用 Read the Docs，它将根据分支或版本（可配置）自动生成文档。对于公司或项目来说，你可以在内部使用相同的工具或配置这些服务，但是不管如何决定，重要的是应该准备好文档并可供团队的所有成员使用。

不过，文档字符串有一个缺点：与所有文档一样，它需要手动和持续的维护。若代码有更改，必须对其进行更新。还有一个问题是，为了使文档字符串真正发挥作用，必须对其进行详细说明，这需要许多行文字。

虽然维护正确的文档是一个我们无法逃避的软件工程方面的挑战，但是这么做也是有意义的。之所以手工编写文档，是为了让其他人阅读，如果它是自动生成的，可能就没有多大用处了。为了使文档有价值，所有团队成员必须同意它需要人工干预，并需要为之付出努力。关键是要明白软件不仅仅是关于代码的，附带的文档也是可交付结果的一部分。因此，当有人对某个函数进行更改时，同样重要的是对刚刚更改的代码相应部分的文档也进行更新，不管它是 wiki、用户手册、README 文件还是多个文档字符串。

1.3.2　注解

PEP-3107 引入了"注解"的概念。其基本思想是向代码阅读者提示函数中参数值的期望值。这里使用"提示"这个词可能并不正式。注解支持类型提示，本章稍后将讨论这一点。

注解允许指定已定义的某些变量的预期类型。实际上，它不仅与类型有关，还与任何类型的元数据有关，这些元数据可以帮助你更好地了解该变量实际表示的内容。

考虑下面的例子：

```python
class Point:
    def __init__(self, lat, long):
        self.lat = lat
        self.long = long

def locate(latitude: float, longitude: float) -> Point:
    """Find an object in the map by its coordinates"""
```

这里，我们用 float 表示 latitude 和 longitude 的预期类型。这对于阅读函数的人来说只是提供了信息，以便他们了解这些预期类型。但是 Python 不会校验或者强制规定这些类型。

我们还可以指定函数返回值的预期类型。在这个例子中，Point 是一个用户定义的类，因此返回的内容将是 Point 的实例。

类型或内置不是可以用作注解的唯一类型。基本上，所有在当前 Python 解释器范围内有效的内容都可以放在注解里，例如，解释变量意图的字符串、可作为回调或验证函数使用的调用，等等。

随着注解的引入，一个新的特殊属性也被包括进来，这就是 __annotations__。这将使我们能够访问一个字典，该字典将注解的名称（作为字典中的键）与其对应的值（这些值是我们为它们定义的值）映射在一起。在示例中，该字典如下所示：

```
>>> locate.__annotations__
{'latitude': float, 'longitue': float, 'return': __main__.Point}
```

如果有必要，我们可以用它来生成文档、运行验证或在代码中强制检查。

谈到通过注解检查代码，这就是 PEP-484 发挥作用的时候了。它指定了类型提示的基础和通过注解检查函数类型的想法。重申一下：

“Python 仍然是一种动态类型语言，笔者不希望强制使用类型提示，即使是通过约定。”

类型提示的思想是使用额外的工具（独立于解释器）检查和评估代码中的类型是否正确地使用，并在检测到任何不兼容的类型时提示用户。我们将在后续章节中详细介绍运行这些检查的工具 Mypy，并将讨论如何在项目中使用和配置该工具。现在，你可以把它看作一种检查代码上所用类型的语义的 linter。有时，这有助于在测试和检查运行的早期发现错误。因此，最好在项目上配置 Mypy，并将其与静态分析的其他工具同时使用。

不过，类型提示不仅仅意味着检查代码类型的工具。Python 自 3.5 版本开始，引入了新的类型模块，这显著改进了我们在 Python 代码中定义类型和注解的方式。

这背后的基本思想是，现在语义扩展到更有意义的概念，使我们（人类）更容易理解代码的含义，或者在某个地方所期望的东西。例如，你可能会有这样一个函数，它的某个参数是列表或元组，然后你就可以将这两种类型中的一种作为注解，甚至是解释它的字符串。但是有了新的类型模块，就可以告诉 Python 它需要一个可迭代的对象或一个序列。你甚至可以标识类型或其上的值，例如，它采用一个整数序列。

在编写本书时，Python 对注解做了一个额外的改进，那就是从 Python 3.6 开始，可以直接注解变量，而不仅仅注解函数参数和返回类型。这是在 PEP-526 中引入的，意思是可以声明定义的某些变量的类型，而不必为它们赋值，如下所示。

```
class Point:
    lat: float
    long: float


>>> Point.__annotations__
{'lat': <class 'float'>, 'long': <class 'float'>}
```

1.3.3　注解是否会替代文档字符串

这是一个很合理的问题，因为在引入注解之前很久，在旧版本的 Python 上，就有了通过在函数或属性上放置文档字符串记录参数类型的方法。关于如何构造文档字符串以包含函数的基本信息的格式，甚至有一些约定，包括每个参数的类型和含义、函数的类型、结果的含义，以及函数可能抛出的可能异常。

其中大部分已经通过注解以更紧凑的方式进行了处理，所以有人可能会想，使用文档字符串是否真的值得。答案是值得，因为注解和文档字符串是互补的。

确实，以前包含在文档字符串中的一部分信息现在可以移动到注解中了。但这只会为更好地记录文档字符串留下更多的空间。特别是，对于动态和嵌套数据类型，最好提供预期数据的示例，以便我们能更好地了解正在处理的内容。

考虑下面的例子。假设有一个函数，该函数需要一个用于验证某些数据的字典：

```
def data_from_response(response: dict) -> dict:
    if response["status"] != 200:
        raise ValueError
    return {"data": response["payload"]}
```

如上述代码所示，该函数接收一个字典并返回另一个字典。如果键值"status"对应的值不是预期值，则可能抛出异常。然而，除此之外，我们没有更多关于这个函数的信息。例如，response 对象的正确实例是什么样的？result 的实例会是什么样的？要回答这两个问题，最好把期望由参数传入并由该函数返回的数据示例记录下来。

让我们看看能否借助文档字符串更好地解释这一点：

```
def data_from_response(response: dict) -> dict:
    """If the response is OK, return its payload.

    - response: A dict like::

    {
        "status": 200, # <int>
        "timestamp": "....", # ISO format string of the current
        date time
        "payload": { ... } # dict with the returned data
    }

    - Returns a dictionary like::

    {"data": { .. } }

    - Raises:
    - ValueError if the HTTP status is != 200
    """
    if response["status"] != 200:
        raise ValueError
    return {"data": response["payload"]}
```

现在，我们对这个函数预期接收和返回的内容有了更好的了解。之所以说文档字符串是有价值的输入，不仅因为它有助于理解传递的内容，还因为它是单元测试的有价值的信息来源。我们可以构造这样的数据作为输入，并且知道在测试中使用的值哪些是正确的，哪些是不正确的。实际上，这些测试也可以作为代码的可操作文档，但这需要更详细的解释。

这样做的好处是，现在我们知道了键的可能值以及它们的类型，并且对数据的结构有了更具体的印象。如前所述，我们为此付出的代价是文档字符串占用大量的行，并且是冗长且详细的，这样才能有效。

1.3.4　配置用于实施基本质量控制的工具

在本节中，我们将探讨如何配置一些基本工具并自动对代码运行检查，以利用部分重复的验证检查。

需要着重牢记的一点是：代码是为了让我们——人——理解的，所以只有我们能够判定什么是好的代码，什么是坏的代码。我们应该在代码评审上投入时间，思考什么是好的代码，以及什么样的代码是可读的和可理解的。当评审同行编写的代码时，你应该问这样的问题："对于其他程序员来说，这段代码容易理解和遵循吗？""它是否从专业的角度解决了问题？""加入团队的新成员是否能够理解并有效地使用它？"

正如我们在前面看到的，代码格式、一致的布局和适当的缩进都是必需的，但在代码库中仅有这些还是不够的。作为有高度质量意识的工程师，我们认为这些是理所当然的事情，所以应该读写远远超出满足基本要求的高质量代码。我们不愿意把时间浪费在审核这些项目上，因此可以查看代码中的实际模式以更有效地投入时间，以理解代码的真正含义并给出有价值的结果。

所有这些检查都应该是自动的。它们应该是测试或检查项列表的一部分，而这又应该是持续集成构建的一部分。如果这些检查未通过，则会导致构建失败。这是确保代码结构始终保持连续性的唯一方法。这些检查也是可供团队参考的客观参数。不是让一些工程师或团队负责人总是在代码评审中参照 PEP-8 给出相同的评论，而是要让构建自动失败，使之成为客观的东西。

1. 使用 Mypy 提示类型

Mypy 是 Python 中主要的可选静态类型检查工具。其思想是，一经安装，Mypy 将分析项目中的所有文件，检查类型使用上的不一致。这是很有用的，因为在大多数情况下，它会提前检测到实际的错误（但有时会给出误报）。

可以使用 pip 安装 Mypy，建议将其包括在项目对安装文件的依赖内。

```
$ pip install mypy
```

一旦将 Mypy 安装到虚拟环境中，只需运行前面的命令，它就能报告类型检查的所有结果。尽量遵循生成的报告内容，因为大多数时候，它提供的见解有助于避免错误被带到生产环境中去。但是，该工具并不是完美的，因此如果你认为报告内容不合理，则可以用以下命令作为注释来忽略它。

```
type_to_ignore = "something" # type: ignore
```

2. 使用 Pylint 检查代码

在 Python 中有许多用于检查代码结构的工具（基本上，这与 PEP-8 是一致的），例如 pycodestyle（以前称为 PEP-8）、Flake8，等等。这些工具都是可配置的，并且像运行它们所提供的命令一样容易使用。在这些工具中，笔者发现 Pylint 是最完整的（也是最严格的）。它也是可配置的。

同样，只需使用 pip 将其安装在虚拟环境中。

```
$ pip install pylint
```

然后，只要运行 pylint 命令，就可以对代码进行校验了。

可以通过名为 pylintrc 的配置文件配置 Pylint。在此配置文件中，你可以决定要启用或禁用的规则，并将其他规则参数化（例如，更改列的最大长度）。

3. 自动检查设置

在 UNIX 开发环境中，最常见的运行自动检查的方式是使用 makefile。makefile 是一种功能强大的工具，允许我们配置要在项目中运行的命令，主要用于编译、运行等。除此之外，我们还可以在项目的根目录中使用 makefile，通过配置一些命令来自动检查代码的格式和约定。

一个好的方法是为测试设置目标，再为每个特定的测试项目设置目标，然后再运行另一个测试，例如。

```
typehint:
mypy src/ tests/

test:
pytest tests/

lint:
pylint src/ tests/

checklist: lint typehint test

.PHONY: typehint test lint checklist
```

在这里，我们应该（在用于开发的计算机上和持续集成环境构建中）运行如下命令。

```
make checklist
```

其将按以下步骤运行所有内容：第一，检查是否符合编码准则（如 PEP-8）；第二，检查代码中数据类型的使用情况；第三，运行测试。

如果这些步骤中的任何一个失败，则认为整个过程失败。

除了在构建中自动配置这些检查，如果团队采用约定和自动方法构建代码，也是一个好主意。Black 等工具用于自动格式化代码。有许多工具可以自动编辑代码，但是 Black 的有趣之处在于它以一种独特的形式进行编辑。它有统一的标准，而且具有确定性，因此代码最终总是以相同的方式排列。

例如，Black 字符串始终使用双引号，参数的顺序始终遵循相同的结构。这听起来可能很死板，但这是确保代码差异最小的唯一方法。如果代码总是遵循相同的结构，那么代码中的更改只会随实际变化显示在拉取请求中，并且没有额外的修饰性修改。虽然它比 PEP-8 更具限制性（实际上不必担心这一点），但也很方便，因为我们通过一个工具直接格式化代码，从而可以集中精力解决手头的问题。

在写这本书的时候，唯一可以配置的就是行的长度。其他的都是根据项目的标准来修正的。

以下代码符合正确的 PEP-8 标准，但不遵循 Black 约定：

```
def my_function(name):
    """
    >>> my_function('black')
    'received Black'
    """
    return 'received {0}'.format(name.title())
```

现在，我们可以运行以下命令来格式化文件：

```
black -l 79 *.py
```

我们可以看到工具写了什么：

```
def my_function(name):
    """
    >>> my_function('black')
    'received Black'
    """
    return "received {0}".format(name.title())
```

在更复杂的代码上，会有更多的变化（后面有逗号等），但是可以清楚地体现这个约定的宗旨。尽管有点自以为是，但是有一个为我们处理细节的工具仍不失为一个好主意。这也是 Golang 社区很久以前就学到的，现在甚至有了一个标准的工具库 got fmt，它可以根据语言的约定自动格式化代码。很好，Python 现在有了这样的东西。

这些工具（Black、Pylint、Mypy 等）可以与你选择的编辑器或 IDE 集成，使工作变得更加简单。配置编辑器在保存文件或通过快捷方式做这些修改是一项不错的主意。

1.4　小结

现在，我们对"何谓代码整洁"有了最初的概念，并对其进行了可行的解释，这将作为本书其余部分的参考。

更重要的是，我们了解到代码整洁比代码的结构和布局更重要。我们必须关注如何在代码上表达这些想法，以查看它们是否正确。代码整洁与代码的可读性、可维护性有关，它将技术债务保持在最低限度，并将我们的想法有效地传达到代码中，以便其他人能够准确理解我们最初打算写的内容。

我们讨论了遵守编码样式或准则的重要性——理由有很多。我们一致认为这是一个必要但不充分的条件，而且鉴于这是每个项目应该遵守的最低要求，显然我们会把这些事情留给工具去处理。因此，自动化所有这些检查变得至关重要，在这方面，我们必须记住如何配置诸如 Mypy、Pylint 等工具。

在第 2 章中，我们将更加关注特定的 Python 代码，以及如何用地道的 Python 表达我们的想法。我们将探讨 Python 中的习惯用法，这些习惯用法使代码更加紧凑和高效。分析过程中，我们将看到，通常情况下，与其他语言相比，Python 会用不同的想法或方法完成任务。

第 2 章
Python 风格代码

在本章中，我们将探索用 Python 表达思想的方法及其独有的特性。如果你熟悉编程中用以完成一些任务的标准方法（例如，获取列表的最后一个元素、迭代、搜索，等等），或者用过更传统的编程语言（如 C、C++和 Java），就会发现，一般情况下，Python 为大多数常见任务提供了独有的方法。

在编程中，习惯用法是为了执行特定的任务而进行代码编写的一种特殊方式。这是一种常见的方式，每次都重复并遵循相同的结构。有人甚至认为这是一种模式，但要注意，这不是设计模式（我们稍后将对此进行探讨）。主要的区别在于设计模式是高层次的抽象，其在某种程度上独立于特定的语言，而且也不能直接转换成具体的代码。习惯用法则是指具体的代码，是指当我们想要执行某项特定的任务时，编写代码的一种方式。

因为习惯用法是具体的代码，所以它们依赖于语言。每种语言都有自己的习惯用法，这意味着某种特定语言执行操作的方式（例如，如何用 C、C++等语言打开和写入文件）。如果代码遵循这些习惯用法，就说它是符合习惯用法的，这在 Python 中通常称为 Pythonic（Python 风格代码）。

之所以要遵循上述建议并编写 Python 风格代码，有很多原因。首先，正如我们看到和分析的那样，通常情况下，以习惯用法的方式编写的代码性能会更好。同时，代码会更紧凑，也更容易理解。这些都是我们一直希望在代码中体现的特性，因为这会使代码运行起来更有效率。其次，正如第 1 章所讲述的那样，很重要的一点是，如果整个开发团队能够使用相同的代码模式和结构，将有助于他们关注问题的本质，并有助于他们避免犯错。

通过学习本章的内容，你应能了解索引和切片的相关知识，并能正确地实现可以被索引的对象；实现序列和其他迭代；学习上下文管理器的相关优秀用例；通过使用魔法方法实现更多的习惯用法代码；避免 Python 中常见的可能会导致其他副作用的错误。

2.1　索引和切片

和其他语言一样，Python 中的一些数据结构或数据类型支持通过索引访问其元素。和大多数编程语言的另一个共同点是，第一个元素的索引都是 0。与其他语言不同的是，当我们希望以不同的顺序访问元素时，Python 提供了其他一些特性。

例如，如何在 C 语言中访问数组中的最后一个元素？这是我在使用 Python 语言时第一件尝试的事情。如果用 C 语言的思路，我会获取数组长度减 1 索引位置上的元素。这是可行的，但也可以使用负的索引号，它将从最后一个索引位置开始向前计数，如下面的命令所示：

```
>>> my_numbers = (4, 5, 3, 9)
>>> my_numbers[-1]
9
>>> my_numbers[-3]
5
```

除了可以获取一个元素，我们还可以通过使用切片来获取多个元素，如下面的命令所示：

```
>>> my_numbers = (1, 1, 2, 3, 5, 8, 13, 21)
>>> my_numbers[2:5]
(2, 3, 5)
```

在上面的例子中，方括号的语法意味着我们将获取元组上从第一个数字索引（包含）开始，直到第二个数字索引（不包含）的所有元素。在 Python 中，切片的工作方式是排除所选区间的最后一个元素的。

你可以省略区间中的开始元素或结束元素，在这种情况下，它将默认分别从序列的第一个元素开始或到最后一个元素结束，如下面的命令所示：

```
>>> my_numbers[:3]
(1, 1, 2)
```

```
>>> my_numbers[3:]
(3, 5, 8, 13, 21)
>>> my_numbers[::]
(1, 1, 2, 3, 5, 8, 13, 21)
>>> my_numbers[1:7:2]
(1, 3, 8)
```

在第一个示例中，它将获取索引位置 3 之前的所有元素。在第二个示例中，它将获取索引位置 3（包含）和最后一个元素之间的所有数字。在第三个示例中，开始和结束的索引都被省略了，这样实际上创建了原始元组的副本。

最后一个示例包含第三个参数，该参数代表步长，用于表示在区间内迭代时每次要跳过多少个元素。在这个实例中，它意味着得到索引 1 和索引 7 之间的元素，每次跳过两个元素。

在所有这些示例中，当我们把区间传递给一个序列时，实际上传递的是切片。注意，切片是 Python 中的一个内置对象，你可以自己构建并直接传递：

```
>>> interval = slice(1, 7, 2)
>>> my_numbers[interval]
(1, 3, 8)

>>> interval = slice(None, 3)
>>> my_numbers[interval] == my_numbers[:3]
True
```

注意，当切片默认一个元素（开始元素、结束元素或步长）时，该默认元素被认为是空。

　你应该始终倾向于使用这种切片的内置语法，而不是尝试用 for 循环手工迭代元组、字符串或列表，不要手工排除元素。

创建自己的序列

刚才讨论的功能能够正常工作，要归功于一个名为__getitem__的魔法方法。当类似 myobject [key]之类的方法被调用时会调用这个魔法方法，它将键值（方括号内的值）作为参数传递。尤其是，序列同时实现了__getitem__和__len__这两个方法，因此序列是可以被迭代的。列表、元组和字符串在标准库中都是序列对象。

在本节中，我们更关心的是如何通过键从对象中获取特定的元素，而不是构建序列或可迭代对象。构建序列或可迭代对象，是第 7 章要讨论的内容。

如果你要在自定义类中实现__getitem__方法，就必须考虑一些因素，以便它遵循 Python 风格。

如果类是标准库对象的包装器，那么你也要尽可能将行为委托给底层的对象。也就是说，如果类实际上是列表上的一个包装器，那么要可以调用列表上所有方法，以确保维持兼容。在下面的例子中，我们可以看到一个对象如何在底层包装列表的例子，对于感兴趣的方法，我们只需要将其委托给列表对象上对应的方法：

```
class Items:
    def __init__(self, *values):
        self._values = list(values)

    def __len__(self):
        return len(self._values)

    def __getitem__(self, item):
        return self._values.__getitem__(item)
```

本示例使用了封装。另一种方法是通过继承实现的，在这种情况下，我们必须扩展 collections.UserList 基类。

但是，如果你正在实现自己的序列，而它不是一个包装器或不依赖于底层的任何内置对象，那么请谨记两点：第一点，当按范围索引时，结果应该是和类的类型相同的实例；第二点，当使用切片进行范围获取时，请遵循 Python 使用的语义，不包括末尾的元素。

第一点是一个不容易察觉的错误。试想一下，如果要得到一个列表的切片，结果就应该是一个列表；如果要获取一个元组的某个范围内的数据，结果就应该是一个元组；如果要获取一个子字符串，结果就应该是一个字符串。在各种情况下，结果与原始对象的类型保持一致是有意义的。例如，如果你正在创建一个表示日期间隔的对象，并且要求在该间隔上有一个范围，那么返回列表或元组等将是一个错误，它应该返回一个相同类的新实例，并带有新的间隔。最好的例子是在标准库中的 range 函数。在 Python 2 中，通常会用 range 函数创建列表。现在，如果用一个间隔调用 range 函数，则将构造一个知道如何在选定范围内生成值的可迭代对象。在为范围指定一个间隔时，你会得到一个新的范围（这是有意义的），而不是一个列表。

```
>>> range(1, 100)[25:50]
range(26, 51)
```

第二点也是关于一致性的——如果代码与 Python 本身保持一致，那么使用代码的用户会发现它更熟悉、更容易使用。作为 Python 开发人员，我们已经了解了切片是如何工作的、range 函数是如何工作的等概念。在自定义类上创建异常时常会造成混淆，这意味着代码将更难记住，并可能导致错误。

2.2 上下文管理器

上下文管理器是 Python 提供的一个非常有用的特性。这一特性之所以如此有用，是因为它能够正确地响应模式。这里所说的"模式"实际上是我们想要运行一些代码的各种情况，而且这些情况有前置条件和后置条件——这意味着我们想要在某个主操作之前和之后运行一些东西。

大多数时候，我们看到上下文管理器是围绕着资源管理的。例如，如果想要打开文件，我们希望确保文件在运行之后是关闭的（这样就不会泄露文件描述符），或者如果打开一个服务的连接（甚至一个套接字），我们也想要确保将其关闭，或者删除临时文件等。

在所有这些情况下，通常你必须记住释放所有已分配的资源，并且这只是考虑了正常的情况。但是如果遇到异常和错误，该如何处理呢？这么说吧，要处理所有可能的组合或执行程序的所有分支，无疑会增加调试的难度。解决这个问题最常见的方法是将清理资源的代码放在 finally 代码块中，这样就可以确保不遗漏任何处理。下面是一个非常简单的示例：

```
fd = open(filename)
try:
    process_file(fd)
finally:
    fd.close()
```

尽管如此，还有一种更加优雅而且更加符合 Python 风格的方法可以达到同样的效果：

```
with open(filename) as fd:
    process_file(fd)
```

通过 with 语句 （PEP-343）进入上下文管理器。在本示例中，open 函数实现了上下文管理器协议，这意味着当模块执行完成时，即使发生了异常，文件也会自动关闭。

上下文管理器由两个魔法方法组成：__enter__ 和__exit__。在上下文管理器的第一行，with 语句将调用第一个方法__enter__，无论这个方法返回什么，都将分配给 as 后面的变量。这是可选的——实际上我们不一定要返回__enter__方法指定的内容，即使这样做了，如果没有必要，仍然不必将返回值分配给一个变量。

在这一行执行完之后，代码将进入一个新的上下文，在这个上下文中可以运行任何其他的 Python 代码。执行完该块上的最后一条语句之后，程序将退出上下文，这意味着 Python 将调用原始上下文管理器对象中的__exit__方法。

即使上下文管理器模块中发生异常或错误，__exit__方法仍然会被调用，这样就可以安全地进行清理操作。实际上，这个方法可以接收模块中触发的异常，这样我们就可以自定义异常处理的方式。

尽管在处理资源时经常会用到上下文管理器（如上述示例中提到的文件、连接等），但这并不是它唯一的应用场景。我们可以实现自己的上下文管理器，用以处理所需的特定逻辑。

如果代码各部分逻辑上是独立的，那么使用上下文管理器对代码进行拆分和隔离是一种很好的方式。因为如果我们将它们合并在一起，逻辑就会变得更加难以维护。

举个例子，考虑这样一个场景，我们想通过运行一个脚本备份数据库。需要注意的是，备份是脱机操作，这意味着我们只能在数据库不运行时执行备份，因此必须先让数据库停止运行。在运行备份之后，我们希望确保再次启动数据库，而不用管备份进程本身的情况如何。现在，第一种方法是创建一个复杂的单独的函数，该函数尝试在一起执行所有操作，包括停止服务、执行备份任务、处理异常和所有可能的临界情况，然后尝试重新启动服务。你可以想象出这样一个函数，这里就不提供详细代码了，而是直接提出一种使用上下文管理器处理此问题的方法：

```
def stop_database():
    run("systemctl stop postgresql.service")
```

```
def start_database():
    run("systemctl start postgresql.service")

class DBHandler:
    def __enter__(self):
        stop_database()
        return self

    def __exit__(self, exc_type, ex_value, ex_traceback):
        start_database()

def db_backup():
    run("pg_dump database")

def main():
    with DBHandler():
        db_backup()
```

在这个示例中，我们不需要在代码块中使用上下文管理器返回的结果，由此可以认为，至少在这个特殊的例子中，__enter__的返回值是无关紧要的。这是在设计上下文管理器时需要考虑的问题——在模块启动后，我们需要什么？一般来说，在__enter__上返回一些内容应该是好的做法（尽管不是强制性的）。

如前所示，在这个模块中，我们只运行备份任务——它是独立于维护任务的。我们还提到，即使备份任务发生错误，__exit__方法仍然会被调用。

请注意__exit__方法的签名。它可以接收模块中抛出异常返回的值。如果模块没有发生异常，那么它们都是空的。

我们需要考虑一下__exit__方法的返回值。通常情况下，我们希望保持方法的原样，而不返回任何特殊的内容。如果此方法返回 True，则表示可能已经抛出异常——它不会将异常向上传递给调用方，程序会停在这里。有时，这就是我们想要达到的期望效果，甚至可能取决于所抛出异常的类型，但通常情况下，将异常"吞掉"并非良策。记住，错误永远不应该悄无声息地继续传递下来。

> 记住，如果不是故意为之，请不要在__exit__方法上返回 True。如果这样做了，请确保这正是你想要的，并且要有一个很好的理由。

实现上下文管理器

一般来说，我们可以像前面示例中那样实现上下文管理器。我们所需要的只是一个实现__enter__和__exit__这两个魔法方法的类，然后这个对象就能支持上下文管理器协议。这是实现上下文管理器最常见的方法，但并不是唯一的方法。

在本节中，我们不仅会看到实现上下文管理器的不同方法（有的方法会更简洁），还将看到如何用标准库充分利用它们，特别是使用 contextlib 模块。

contextlib 模块包含很多帮助函数和对象，可以用来实现上下文管理器，也可以使用一些已经提供的函数和对象，来帮助我们编写更紧凑的代码。

我们先来看一下 contextmanager 装饰器。将 contextlib.contextmanager 装饰器应用到一个函数时，它会将该函数的代码转换为一个上下文管理器。这里所讨论的必须是一种称为生成器的特殊类型的函数，它将把语句拆分为可分别在__enter__和_exit__魔法方法上执行的代码。

如果此时你还不熟悉装饰器和生成器，也不要紧，因为我们将看到的示例是独立的，即便不会应用、不理解，也没问题。详细内容参见第 7 章。

和前一个示例具有同样功能的代码可以用 contextmanager 装饰器进行如下重写：

```
import contextlib

@contextlib.contextmanager
def db_handler():
    stop_database()
    yield
    start_database()


with db_handler():
    db_backup()
```

上述代码定义了生成器函数，并在其上添加了@contextlib.contextmanager 装饰器。该函数包含一个 yield 语句，这使得它成了一个生成器函数。关于生成器的细节在本例中也是无关紧要的。我们需要知道的是，当使用这个装饰器时，yield 语句之前的所有内容都会被当作__enter__方法的一部分去运行。然后，所产生的值会被当作上下文管理器的结果（__enter__返回的内容），这时如果使用类似 as x:的形式为返回值分配变量，赋值给变量的将是什么呢？在这个例子中，什么值都没有返回（这意味着产生的值隐式为空），但是如果我们想，就可以产生一个语句，该语句将成为我们想要在上下文管理器模块中使用的内容。

此时，生成器函数被挂起，程序进入上下文管理器，在这里，我们将再次运行数据库的备份代码。完成此操作后，程序将继续执行，因此我们可以认为 yield 语句之后的每一行代码都是__exit__逻辑的一部分。

像这样编写上下文管理器的优点是，更容易实现现有函数的重构和代码的复用，而且通常来说，当我们需要一个不属于任何特定对象的上下文管理器时，这样做也是一个非常好的方法。添加额外的魔法方法将使其与领域中的另一个对象更加耦合，实现更多的逻辑，并支持一些它可能不应该支持的东西。当我们只需要一个上下文管理器函数，而不需要持有许多状态，并希望它完全独立于其他类时，这可能是一个好方法。

然而，我们可以有更多的方法实现上下文管理器，答案同样还是在标准库的contextlib 包中。

另一个我们可以使用的帮助类是 contextlib.ContextDecorator。这是一个基类，它将装饰器应用于函数的逻辑，并使该函数运行于上下文管理器中，而上下文管理器本身的逻辑必须通过实现前面提到的魔法方法给出。

为了使用它，我们必须扩展这个类，并在所需的方法上实现逻辑：

```
class dbhandler_decorator(contextlib.ContextDecorator):
    def __enter__(self):
        stop_database()

    def __exit__(self, ext_type, ex_value, ex_traceback):
        start_database()

@dbhandler_decorator()
def offline_backup():
    run("pg_dump database")
```

你注意到这个示例与前面的示例有什么不同了吗？这个例子中没有 with 语句。我们只需调用该函数，offline_backup()就会在上下文管理器中自动运行。基类像使用一个包装了原始函数的装饰器那样去使用它，因此它可以在上下文管理器中运行。

这种方法唯一的缺点是，通过这种方式工作的对象是完全独立的（这是一个好特性）——装饰器对它所装饰的函数一无所知，反之亦然。不过这样也好，这意味着你不能获取一个想在上下文管理器中使用的对象（如 with offline_backup() as bp:），所以如果你确实想用__exit__方法返回的对象，那么可以选择前面几种方法中的某一个。

就装饰器来说，这也是它的一个优势，虽然逻辑只被定义一次，但是我们可以很方便地将装饰器应用于其他需要同样逻辑的函数，这样就能尽可能多地复用它。

让我们研究一下 contextlib 的最后一个特性，来看看可以从上下文管理器中得到什么，并了解一下可以用它们做什么。

注意，contextlib.suppress 是一个进入上下文管理器的 util 包，如果任何一个提供的异常被抛出，程序都不会失败。这类似于在 try/except 模块上运行相同的代码并传递异常或记录异常，但不同之处在于，调用 suppress 方法让我们能够在代码中显式地对异常进行处理。

例如，可以看看以下代码：

```
import contextlib

with contextlib.suppress(DataConversionException):
    parse_data(input_json_or_dict)
```

在这个例子中，因为输入数据已经是预期格式，所以不需要进行转换，可以安全地忽略这个异常。

2.3　对象的属性、特性和不同类型的方法

Python 对象的属性和函数都是公有的，这与其他语言不同，在其他语言中，属性可以是公有的、私有的或者受保护的。也就是说，阻止调用方的对象去引用任何对象的所有特性是没有意义的。这是 Python 与其他编程语言的另一个区别，在其他编程语言中，你可以将一些属性标记为私有的或者受保护的。

这些并非是要严格执行的，但还是要遵循一些约定。以下划线开头的特性对该对象来说是私有的，同时我们希望无法外部调用它（同样，我们不可以阻止这一点）。

在讨论属性的细节之前，我们有必要先介绍一下 Python 中下划线的一些特性、了解约定以及属性的作用范围。

2.3.1　Python 中的下划线

在 Python 中有一些使用下划线的约定和实现细节，这是一个非常值得分析的有趣主题。

如前所述，在默认情况下，对象中的所有特性都是公有的。下面的示例可以说明这一点：

```
>>> class Connector:
...     def __init__(self, source):
...         self.source = source
...         self._timeout = 60
...
>>> conn = Connector("postgresql://localhost")
>>> conn.source
'postgresql://localhost'
>>> conn._timeout
60
>>> conn.__dict__
{'source': 'postgresql://localhost', '_timeout': 60}
```

其中，Connector（连接器）对象有一个叫作 source 的属性，并且该对象有两个属性——前面提到的 source 和 timeout。前者是公有的，后者是私有的。然而，从最后几行代码中我们可以看出，当创建这样一个对象时，实际上可以访问这两个属性。

这段代码的意思是，_timeout 应该只能在 Connector 内部访问，而不能从外部进行调用。这意味着你应该以这样一种方式组织代码，以便可以在需要的时候安全地修改超时时间（这基于它不是从对象外部（仅在内部）调用的事实），从而保持与以前相同的接口。遵循这些规则使代码更容易维护，也更健壮，因为如果我们维护对象的接口，在重构代码时就不必担心由此引发的连锁反应。同样的原则也适用于方法。

对象应该依据其接口，只暴露那些与外部调用方对象相关的特性和方法。所有不严格属于对象接口的东西都应该以单个下划线为前缀。

这是明确界定对象接口的 Python 风格的方法。然而，有一个常见的误解，即认为某些属性和方法实际上可以成为私有的。这又是一个错误的观点。让我们来假设一下，现在 timeout 的特性被定义为以双下划线开头：

```
>>> class Connector:
...     def __init__(self, source):
...         self.source = source
...         self.__timeout = 60
...
...     def connect(self):
...         print("connecting with {0}s".format(self.__timeout))
...         # ...
...
>>> conn = Connector("postgresql://localhost")
>>> conn.connect()
connecting with 60s
>>> conn.__timeout
Traceback (most recent call last):
  File "<stdin>", line 1, in <module>
AttributeError: 'Connector' object has no attribute '__timeout'
```

一些开发人员用这种方法隐藏一些属性，如上述示例中那样，他们认为 timeout 现在是 private（私有）的，并且没有其他对象可以修改它。现在，看一下在尝试访问__timeout 时引发的异常。AttributeError 表示该属性不存在，而不是说 "this is private"（这是私有的）或 "this can't be accessed"（这是不可访问的）。这应该给我们提供了一条线索，事实上，一些不同的事情正在发生，而这只是一个副作用，而不是我们想要的真正的影响。

实际上正在发生的事情是，使用双下划线，Python 为这个特性取了一个不同的名称，即 [**名称混淆**]（name mangling）。它的作用是用以下名称创建属性："_<class-name>__<attribute-name>"。在这个示例中，我们将创建一个名为 '_Connector__timeout' 的特性，并通过如下方式访问（和修改）它。

```
>>> vars(conn)
{'source': 'postgresql://localhost', '_Connector__timeout': 60}
>>> conn._Connector__timeout
60
>>> conn._Connector__timeout = 30
>>> conn.connect()
connecting with 30s
```

注意上文提到的副作用——属性只以不同的名称存在，正因如此，我们在首次访问该属性时引发了 AttributeError 异常。

Python 中双下划线的含义完全不同。创建它的目的是覆盖将要扩展多次的类的不同方法，以避免与方法名称发生冲突。这是一个过于牵强的示例，不足以证明使用这种机制的合理性。

双下划线是非 Python 方法。如果需要将属性定义为私有的，请使用单下划线，并遵循 Python 编码风格的规则，即它是私有属性。

　请勿使用双下划线。

2.3.2　属性

当对象只需要保存值时，我们可以使用常规属性。有时，我们可能希望基于对象的状态和其他属性的值进行一些计算。大多数时候，属性是一个很好的选择。

如果需要在对象中定义对某些属性的访问控制，则会用到属性，这也是 Python 独有的特点。在其他编程语言（如 Java）中，可以创建访问方法（getter 和 setter），但是 Python 的惯用方法是使用其属性。

假设有一个应用程序，用户可以注册，并且我们希望保护用户的某些特定信息（如电子邮件地址），以防它们被误用，如下面的代码所示：

```python
import re

EMAIL_FORMAT = re.compile(r"[^@]+@[^@]+\.[^@]+")

def is_valid_email(potentially_valid_email: str):
    return re.match(EMAIL_FORMAT, potentially_valid_email) is not None

class User:
    def __init__(self, username):
        self.username = username
        self._email = None

    @property
    def email(self):
        return self._email
```

```
    @email.setter
    def email(self, new_email):
        if not is_valid_email(new_email):
            raise ValueError(f"Can't set {new_email} as it's not a
            valid email")
        self._email = new_email
```

通过将电子邮件置于一个属性之下，我们可以免费获得一些好处。在本示例中，第一个方法@property 将返回私有属性 email 所持有的值。如前所述，前导下划线用于确定此属性将被用作私有属性，因此不应从外部访问该类。

第二个方法@email.setter 具有前面方法的已定义属性。当<user>.email =<new_email>从调用方代码那里运行时，这个方法将被调用，并且<new_email>将成为这个方法的参数。在这里，我们显式地定义了一个验证：如果试图设置的值不是实际的电子邮件地址，则验证失败。如果是，则用新值更新属性。具体代码如下：

```
>>> u1 = User("jsmith")
>>> u1.email = "jsmith@"
Traceback (most recent call last):
...
ValueError: Can't set jsmith@ as it's not a valid email
>>> u1.email = "jsmith@g.co"
>>> u1.email
'jsmith@g.co'
```

这种方法比用 get_ 或 set_ 的前缀自定义的方法要简洁得多。这样做可明显知道预期的是什么，因为这只是 email。

不要为对象上的所有属性编写自定义的 get_*和 set_*方法。大多数情况下，将它们保留为常规属性就够了。当特性被检索或修改时，如果需要修改逻辑，则使用属性。

你可能会发现，属性是实现命令和查询分离（CC08）的好方法。命令和查询分离表明一个对象的方法应该回答某个问题或执行某个任务，但不能同时兼顾两者。如果一个对象的方法在做某件事，同时返回一个状态来回答这个操作如何进行的问题，那么它就做了不止一件事情，这显然违反了"方法应该做一件事，而且只做一件事"的原则。

根据方法的名称，这可能会造成更大的混淆，让你更难理解代码的实际意图是什么。

例如，假设有一个名为 set_email 的方法，并且这样使用"if self.set_email("a@j.com"): ...,"，那么这段代码在做什么？有没有将电子邮件设置为 a@j.com？有没有检查电子邮件是否已经设置为该值？还是两者兼顾了（设置并检查状态是否正确）？

我们可以通过属性避免这种混淆。@property 装饰器是一个查询，它将回答一些问题，而@<property_name>.setter 是执行某些操作的命令。

从这个示例中得到的另一个好建议是：不要用一个方法做多于一件的事情。如果你想赋值，并检查这个值，就要把需求拆分成两个或更多的语句。

> 一个方法应该只做一件事。如果你要运行一个动作并检查状态，那么需要在不同的方法中调用不同的语句。

2.4 可迭代对象

在 Python 中，有一些可以在默认情况下迭代的对象，例如列表、元组、集合和字典。这些对象不仅可以以我们想要的结构保存数据，还可以通过 for 循环迭代这些数据的值。

不过，内置的可迭代对象并不是 for 循环中唯一可以使用的类型。我们也可以通过为迭代定义的逻辑来创建自己的迭代。

要实现这一目标，我们还要用到魔法方法。

迭代在 Python 中通过它自己的协议（即迭代协议）工作。当你尝试以"for e in myobject:..."的形式迭代一个对象时，Python 会在非常高的层次上检查以下两件事情，顺序如下。

（1）对象是否包含一个迭代器方法，__next__ 或者__iter__。

（2）对象是否是一个序列，并且包含__len__ 和__getitem__。

作为一种回退机制，序列可以被迭代，因此有两种方法可以定制对象，以便能够处理 for 循环。

2.4.1　创建可迭代对象

当我们尝试去迭代一个对象时，Python 将在该对象上调用 iter()函数。该函数首先要检查对象上是否存在__iter__方法，如果存在，则执行该方法。

下面的代码创建了一个对象，该对象允许遍历一系列日期，每循环一轮生成一天：

```
from datetime import timedelta

class DateRangeIterable:
    """An iterable that contains its own iterator object."""

    def __init__(self, start_date, end_date):
        self.start_date = start_date
        self.end_date = end_date
        self._present_day = start_date

    def __iter__(self):
        return self

    def __next__(self):
        if self._present_day >= self.end_date:
            raise StopIteration
        today = self._present_day
        self._present_day += timedelta(days=1)
        return today
```

这个对象被设计成用一对日期来创建，迭代时，它将在指定日期的间隔内生成每一天，如下面的代码所示：

```
>>> for day in DateRangeIterable(date(2018, 1, 1), date(2018, 1, 5)):
...     print(day)
...
2018-01-01
2018-01-02
2018-01-03
2018-01-04
>>>
```

其中，for 循环在对象上开始一个新的迭代。此时，Python 将在其上调用 iter()函数，而 iter()函数又将调用__iter__这个魔法方法。在这个方法上，它被定义为返回自身，表示对象本身是可迭代的，因此在此时，循环的每一步都将调用该对象上的 next()函数，该函数将委托给__next__方法。在这个方法中，我们决定如何生成元素并一次返回一个。当没有其他东西可生成时，我们必须通过引发 StopIteration 异常通知 Python。

这意味着实际发生的事情类似于 Python 每次调用对象上的 next()，直到出现一个 StopIteration 异常——表明必须停止 for 循环：

```
>>> r = DateRangeIterable(date(2018, 1, 1), date(2018, 1, 5))
>>> next(r)
datetime.date(2018, 1, 1)
>>> next(r)
datetime.date(2018, 1, 2)
>>> next(r)
datetime.date(2018, 1, 3)
>>> next(r)
datetime.date(2018, 1, 4)
>>> next(r)
Traceback (most recent call last):
  File "<stdin>", line 1, in <module>
  File ... __next__
    raise StopIteration
StopIteration
>>>
```

这个示例是可行的，但是有一个小问题——一旦耗尽，可迭代对象将继续为空，从而引发 StopIteration 异常。这意味着如果我们在两个或多个连续的 for 循环中使用这个函数，那么只有第一个循环可以工作，而第二个循环是空的：

```
>>> r1 = DateRangeIterable(date(2018, 1, 1), date(2018, 1, 5))
>>> ", ".join(map(str, r1))
'2018-01-01, 2018-01-02, 2018-01-03, 2018-01-04'
>>> max(r1)
Traceback (most recent call last):
  File "<stdin>", line 1, in <module>
ValueError: max() arg is an empty sequence
>>>
```

这是由迭代协议的工作方式导致的——可迭代对象构造迭代器，然后对这个迭代器进行迭代。在示例中，__iter__只是返回了 self，但是我们可以让它在每次调用时创建一个新的迭代器。解决这个问题的一种方法是创建 DateRangeIterable 的新实例，这不是一个可怕的问题，但是我们可以让__iter__使用生成器（即迭代器对象），该生成器每次都会被创建：

```
class DateRangeContainerIterable:
    def __init__(self, start_date, end_date):
        self.start_date = start_date
        self.end_date = end_date

    def __iter__(self):
        current_day = self.start_date
        while current_day < self.end_date:
            yield current_day
            current_day += timedelta(days=1)
```

这一次，它成功了：

```
>>> r1 = DateRangeContainerIterable(date(2018, 1, 1), date(2018, 1, 5))
>>> ", ".join(map(str, r1))
'2018-01-01, 2018-01-02, 2018-01-03, 2018-01-04'
>>> max(r1)
datetime.date(2018, 1, 4)
>>>
```

不同之处在于，每个 for 循环都再次调用了__iter__，并且每个 for 循环都再次创建生成器。

这称为一个容器迭代器（container iterable）。

通常情况下，在处理生成器时使用容器迭代器是一个好主意。

关于生成器的详细信息参见第 7 章。

2.4.2　创建序列

也许对象没有定义__iter__()方法，但是我们仍然希望能够迭代它。如果对象上没有定义__iter__，iter()函数将查找__getitem__是否存在，如果__getitem__不存在，它将引发 TypeError 这个异常。

序列是一个实现了__len__和__getitem__的对象，并且希望能够按顺序获取它所包含的元素，每次一个，从 0 开始作为第一个索引。这意味着你应该注意逻辑，以便以期望得到这种类型的索引的方式正确地实现__getitem__，否则迭代将不起作用。

2.4.1 节的示例使用的内存更少。这意味着一次只能保留一个日期，并且知道如何一个一个地生成日期。但是，这个示例有一个缺点，如果我们想直接获取第 n 个元素，是无法直接做到的，则只能让程序迭代 n 次，直到得到这个元素。这是计算机科学中内存和 CPU 使用之间的典型权衡问题。

使用迭代的方法实现程序将使用更少的内存，但是获得一个元素需要迭代 $O(n)$ 次；而实现一个序列将使用更多的内存（因为我们必须同时保存所有内容），但是支持在常量时间内索引特定元素，即时间复杂度为 $O(1)$。[①]

下面给出了一个新的实现示例：

```python
class DateRangeSequence:
    def __init__(self, start_date, end_date):
        self.start_date = start_date
        self.end_date = end_date
        self._range = self._create_range()

    def _create_range(self):
        days = []
        current_day = self.start_date
        while current_day < self.end_date:
            days.append(current_day)
            current_day += timedelta(days=1)
        return days

    def __getitem__(self, day_no):
        return self._range[day_no]

    def __len__(self):
        return len(self._range)
```

下面是对象如何做的：

```
>>> s1 = DateRangeSequence(date(2018, 1, 1), date(2018, 1, 5))
>>> for day in s1:
...     print(day)
...
2018-01-01
```

---

① 译者注：即保存全部内容后，查询每个元素的次数均为 $O(1)$。

```
2018-01-02
2018-01-03
2018-01-04
>>> s1[0]
datetime.date(2018, 1, 1)
>>> s1[3]
datetime.date(2018, 1, 4)
>>> s1[-1]
datetime.date(2018, 1, 4)
```

在上述代码中，我们可以看到负索引是有效的。这是因为 DateRangeSequence 对象将所有操作委托给它的包装对象（一个 list），这是保持兼容性和一致行为的最佳方式。

在决定使用两种可能的实现之一时，你应该权衡内存和 CPU 使用情况。一般来说，迭代更可取（并且生成器更多），但是要记住各种情况下的需求。

2.5　容器对象

容器是实现了 __contains__ 方法的对象。该方法通常返回一个布尔值，当 Python 的 in 关键字出现时被调用。

示例如下：

```
element in container
```

用在 Python 中时，变成如下这样：

```
container.__contains__(element)
```

可以想象，如果正确地实现了这个方法，代码的可读性（Python 风格化）会有多好。

假设我们需要在一个二维坐标的游戏地图上标记一些点。我们可能期望找到如下函数：

```
def mark_coordinate(grid, coord):
    if 0 <= coord.x < grid.width and 0 <= coord.y < grid.height:
        grid[coord] = MARKED
```

现在，检查第一个 if 语句条件的部分看起来很复杂。它没有表明代码的意图，最糟糕的是它要求代码重复运行（代码中我们需要在运行前检查边界的每一部分，都必须去重复调用 if 语句）。

如果游戏地图本身（代码中的 grid）能够回答这个问题呢？更进一步，如果游戏地图可以将此操作委托给更小的对象（因此更具内聚性）呢？因此，我们可以问游戏地图是否包含一个坐标，而地图本身可以有关于其极限的信息，然后通过如下方式询问这个对象：

```
class Boundaries:
    def __init__(self, width, height):
        self.width = width
        self.height = height

    def __contains__(self, coord):
        x, y = coord
        return 0 <= x < self.width and 0 <= y < self.height

class Grid:
    def __init__(self, width, height):
        self.width = width
        self.height = height
        self.limits = Boundaries(width, height)

    def __contains__(self, coord):
        return coord in self.limits
```

上述代码本身就是一个更好的实现。首先，它做一个简单的组合，并通过委托来解决问题。这两个对象实际上是内聚的，具有最小可能的逻辑；这些方法都很简短，逻辑本身就能说明问题——coord in self.limits 完美声明了所要解决的问题，表达了代码的意图。

我们从外部也能看到上述代码的优点。这就好像 Python 在为我们解决问题：

```
def mark_coordinate(grid, coord):
    if coord in grid:
        grid[coord] = MARKED
```

2.6 对象的动态属性

用 __getattr__ 的魔法方法控制从对象获取属性的方式是可行的。在调用类似于 <myobject>.<myattribute> 的东西时，Python 将在对象的字典中查找 <myattribute>，并在其上调用 __getattribute__。如果没有找到这个属性（即对象中没有所要查找的属性），则调用额外的方法__getattr__，并将特性名称（myattribute）作为参数传递。通过接收这个值，我们可以控制返回值返回对象的方式，甚至可以创建新的属性，等等。

__getattr__方法的代码如下所示。

```
class DynamicAttributes:

    def __init__(self, attribute):
        self.attribute = attribute

    def __getattr__(self, attr):
        if attr.startswith("fallback_"):
            name = attr.replace("fallback_", "")
            return f"[fallback resolved] {name}"
        raise AttributeError(
            f"{self.__class__.__name__} has no attribute {attr}"
        )
```

下面是对该类对象的一些调用：

```
>>> dyn = DynamicAttributes("value")
>>> dyn.attribute
'value'

>>> dyn.fallback_test
'[fallback resolved] test'

>>> dyn.__dict__["fallback_new"] = "new value"
>>> dyn.fallback_new
'new value'

>>> getattr(dyn, "something", "default")
'default'
```

第一个调用很直接——我们只请求对象具有的一个属性，并且将它的值作为返回结果。

第二个调用是该方法执行操作的地方，因为对象没有任何称为 fallback_test 的东西，所以将使用该值运行__getattr__。在这个方法中，我们放置了返回字符串的代码，得到的是转换的结果。

第三个调用很有趣，因为创建了一个名为 fallback_new 的新属性（实际上，这个调用与运行 dyn.fallback_new = "new value"是一样的），所以在请求这个属性时，需要注意我们放在__getattr__中的逻辑并不适用，因为这段代码永远不会被调用。

目前而言，最后一个调用是最有趣的。这里有一个微妙的细节，这个细节造成了一个巨大的差异。换个角度看__getattr__方法中的代码。注意，当值不能检索时，会引发 AttributeError 异常。这不仅是为了满足一致性（以及异常中的消息），也是内置 getattr() 函数所需要的。如果这个方法抛出其他类型的异常，那么该方法不会返回默认值。

 在实现一个像__getattr__这样的动态方法时要小心，并谨慎使用它。在实现__getattr__时，AttributeError 会被引发。

2.7 可调用对象

定义可以充当函数的对象是可能的（而且通常是很方便的）。最常见的应用程序之一就是创建更好的装饰器，但并不仅限于此。

我们尝试像执行常规函数一样执行对象时，会调用名为__call__的魔法方法。传递给对象的每个参数都将单独传递给__call__方法。

通过对象实现函数的主要优点是对象具有状态，因此我们可以在调用之间保存和维护信息。

当有一个对象时，例如 object(*args, **kwargs)语句会被翻译为 Python 中的 object.__call__(*args, **kwargs)。

当我们想要创建可以作为参数化函数工作的可调用对象，或者在某些情况下创建具有存储能力的函数时，这种方法是非常有用的。

下面的代码用这种方法构造一个对象，当用一个参数调用该对象时，该对象返回用相同的值调用该对象的次数：

```
from collections import defaultdict

class CallCount:

    def __init__(self):
```

```
        self._counts = defaultdict(int)

    def __call__(self, argument):
        self._counts[argument] += 1
        return self._counts[argument]
```

在这个类的一些示例中，运行方式如下。

```
>>> cc = CallCount()
>>> cc(1)
1
>>> cc(2)
1
>>> cc(1)
2
>>> cc(1)
3
>>> cc("something")
1
```

在本书的后续章节中，我们将发现这种方法在创建装饰器时非常有用。

2.8　魔法方法概述

我们总结一下前面几节中描述的概念，如表 2-1 所示。对于 Python 中的每一个操作而言，表中都给出了其所涉及的魔法方法以及它所代表的 Python 概念。

表 2-1　概念总结

语　句	魔 法 方 法	Python 概念
obj[key] obj[i:j] obj[i:j:k]	__getitem__(key)	可订阅对象
with obj: ...	__enter__ / __exit__	上下文管理器
for i in obj: ...	__iter__ / __next__ __len__ / __getitem__	可迭代对象 序列
obj.<attribute>	__getattr__	动态属性检索
obj(*args, **kwargs)	__call__(*args, **kwargs)	可调用对象

2.9　Python 中的警告

除了理解语言的主要特征，编写惯用代码也是为了了解一些习语的潜在问题，以及学会如何避免这些问题。在本节中，我们将探讨一些常见的问题，如果它们让你猝不及防，可能会导致你花费很长时间进行调试。

本节讨论的大多数要点都是需要完全避免的，而且可以肯定的是，几乎没有任何可能的场景证明反模式（在本例中是习惯用法）的存在。因此，如果你在正在使用的代码基础上发现了这些内容，请随意按照建议的方式重构它；如果你在审查代码时发现了这些特性，这显然说明有一些内容是需要更改的。

2.9.1　可变的默认参数

简单来说，不要用可变对象作为函数的默认参数。如果用可变对象作为默认参数，就会得到预期之外的结果。

考虑以下错误的函数定义：

```python
def wrong_user_display(user_metadata: dict = {"name": "John", "age": 30}):
    name = user_metadata.pop("name")
    age = user_metadata.pop("age")

    return f"{name} ({age})"
```

实际上，这里有两个问题。除了默认的可变参数，函数主体还在对可变对象进行修改，因此会产生副作用。但主要问题是 user_metadata 的默认参数。

这实际上只会在第一次不带参数调用时有效。第二次调用时，我们没有显式地将一些内容传递给 user_metadata，从而导致调用失败，并返回一个 KeyError 异常，如下所示：

```
>>> wrong_user_display()
'John (30)'
>>> wrong_user_display({"name": "Jane", "age": 25})
'Jane (25)'
>>> wrong_user_display()
Traceback (most recent call last):
  File "<stdin>", line 1, in <module>
```

```
    File ... in wrong_user_display
      name = user_metadata.pop("name")
KeyError: 'name'
```

这个问题不难解释——通过在函数的定义上将带有默认数据的字典分配给 user_metadata，这个字典实际上只创建一次，而且变量 user_metadata 指向它。在函数体里修改这个对象，只要程序在运行，这个对象就会一直存活在内存中。当给 user_metadata 时，前面参数中所设置的默认值将被替换。当函数再次被调用时，该对象的内容已经因上次的调用而被修改过；下次再运行该函数时，字典不会包含这些键值，因为它们在上次调用中已经被移除了。

这个问题很容易修复——我们需要用 None 作为默认的标记值，并在函数主体上分配这个默认值。因为每个函数都有自己的作用域和生命周期，所以每次 None 出现时，都会将 user_metadata 分配给字典：

```python
def user_display(user_metadata: dict = None):
    user_metadata = user_metadata or {"name": "John", "age": 30}

    name = user_metadata.pop("name")
    age = user_metadata.pop("age")

    return f"{name} ({age})"
```

2.9.2　扩展内置类型

扩展内置类型（如列表、字符串和字典）的正确方法是使用 collections 模块。

例如，如果你创建一个直接扩展 dict（字典）的类，得到的结果可能不是你所期望的。造成这样的结果，是因为在 CPython 中类的方法不能互相调用（事实上它们应该可以互相调用），所以如果你覆盖其中的一个方法，其他方法就不会反映出这一点，从而导致意外的结果。例如，你可能想要重写 __getitem__，但在使用 for 循环迭代对象时，会发现放在该方法上的逻辑没有被应用。

上述问题可以用 collections.UserDict 解决。例如，collections. UserDict 为实际字典提供了一个明确的接口，并且更健壮。

假设我们想要一个最初由数字创建的列表将值转换为字符串，并为其添加前缀。下面这种方法看似解决了问题，但其实是错误的：

```python
class BadList(list):
    def __getitem__(self, index):
        value = super().__getitem__(index)
        if index % 2 == 0:
            prefix = "even"
        else:
            prefix = "odd"
        return f"[{prefix}] {value}"
```

乍一看，这个对象的行为就像我们想要的那样，但是如果我们尝试迭代它（毕竟它是一个列表），就会发现没有得到我们想要的结果：

```python
>>> bl = BadList((0, 1, 2, 3, 4, 5))
>>> bl[0]
'[even] 0'
>>> bl[1]
'[odd] 1'
>>> "".join(bl)
Traceback (most recent call last):
...
TypeError: sequence item 0: expected str instance, int found
```

join 函数将尝试遍历列表（运行 for 循环），但期望值为 string 类型。这应该是可行的，因为 string 正是我们对列表所做的更改的类型，但是当列表被迭代时，所更改的 __getitem__ 的版本显然没有被调用。

这个问题实际上是 CPython 的实现细节（一个 C 优化），而在其他平台（如 PyPy）中不会发生这种情况。

不管怎样，我们编写的代码应该是可移植的，且兼容于所有实现，因此我们将通过扩展 UserList（而不是 list）来修复它：

```python
from collections import UserList


class GoodList(UserList):
    def __getitem__(self, index):
        value = super().__getitem__(index)
        if index % 2 == 0:
            prefix = "even"
        else:
```

```
        prefix = "odd"
    return f"[{prefix}] {value}"
```

现在情况看起来好多了：

```
>>> gl = GoodList((0, 1, 2))
>>> gl[0]
'[even] 0'
>>> gl[1]
'[odd] 1'
>>> "; ".join(gl)
'[even] 0; [odd] 1; [even] 2'
```

 不要直接从 dict 扩展，应使用 collections.UserDict。对于列表，使用 collections.UserList；对于字符串，使用 collections.UserString。

2.10　小结

在本章中，我们探讨了 Python 的主要特性，目的是理解它最独特的特性，即那些使 Python 成为一种与众不同的语言的特性。此外，我们还探索了 Python 的不同方法、协议及其内部机制。

与第 1 章相比，本章更关注 Python 了。本书主题的一个关键要点是"代码整洁远不止是遵循格式约定（当然，遵循格式约定对于构建良好的代码库是必不可少的）"。这是必要条件，但不是充分条件。在后续几章中，我们将看到更多与代码相关的思想和原则，以实现更好的软件解决方案的设计和实现。

通过本章的概念和思想，我们探索了 Python 的核心：它的协议和魔法方法。现在可以确定的是，要编写出 Python 风格的惯用代码，不仅要遵循格式约定，还要充分利用 Python 提供的所有特性。这意味着你有时应该使用特定的魔法方法、实现上下文管理器，等等。

在第 3 章中，我们将把本章的概念付诸实践，把软件工程的一般概念和用 Python 编写它们的方式联系起来。

第 3 章
好代码的一般特征

这是一本关于用 Python 构建软件的书。好的软件是由好的设计构建的。前文介绍了"代码整洁"的内容，人们可能认为我们将探索只与软件的实现细节相关的良好实践，而不是与软件的设计相关的良好实践。这种想法是错误的，因为代码与设计并没有什么不同——代码就是设计。

代码可能是设计最详细的表示。在前两章中，我们讨论了为什么以一致的方式构造代码是重要的，并且看到了编写更简洁和更惯用的代码的用法。现在是时候理解什么是代码整洁了——代码整洁的终极目标是使代码尽可能健壮，并尽可能以一种最小化缺陷或使缺陷完全凸显的方式来编写代码。

本章和第 4 章的重点是更高抽象层次上的设计原则。这些思想不但与 Python 紧密相关，而且是软件工程的一般原则。

特别需要说明的是，在本章中，我们将回顾不同的原则，这些原则有助于实现良好的软件设计。高质量的软件应该围绕这些思想构建，并以它们作为设计工具。这并不意味着这些方法都始终适用。事实上，它们中的一些代表了不同的观点，如契约式设计（Design by Contract，DbC）方法，而不是防错性程序设计。其中有些方法依赖于使用环境，而且并不总是适用的。

高质量代码是一个具有多个维度的概念。我们可以用类似的方法来考虑这个问题，就像考虑软件架构的质量属性一样。例如，我们希望软件是安全的，并且具有良好的性能、可靠性和可维护性。

通过学习本章的内容，你应该能了解健壮软件背后的概念，学习如何处理在应用程序工作流程中出现的错误数据，设计易于扩展和适应新需求的可维护软件，设计可重用软件，以及编写有效的代码，以保持开发团队的高生产力。

3.1　契约式设计

我们正在使用的开发软件的某些部分并不是由用户直接调用的，而是由代码的其他部分调用的。在把应用程序的职责划分为不同的组件或层时，我们必须考虑它们之间的交互。

我们必须在每个组件后面封装一些功能，并向将要使用该功能的客户端公开一个接口，即应用程序编程接口（Application Programming Interface，API）。我们为该组件编写的函数、类或方法在某些条件下具有特定的工作方式，如果不满足这些条件，就会导致代码崩溃。相反，调用该代码的客户端期望得到特定的响应，若函数不能提供此响应，则表示其存在缺陷。

也就是说，假设有一个函数，这个函数调用一系列的整型数据作为参数，而其他一些函数需要我们传递字符串类型的数据作为入参，很显然，它无法像预期那样工作。现实情况下，函数确实不能运行，因为它调用了一个错误（这是客户端犯的一个错误，此处指函数）。这个错误不应该无声地传递。

当然，在设计 API 时，你应该记录预期的输入、输出和副作用。但是记录文档不能在运行时强制执行软件的行为。这些规则应该是设计的一部分，它们说明了代码的每一部分为了正常工作所期望的入参形式，以及调用方期望的输出形式，这就是"契约"概念的由来。

DbC 背后的思想是，与其隐式地在代码中放置各方期望的内容，不如双方就一个契约达成一致，一旦违反这个契约，就会引发一个事先设置好的异常——该异常明确说明代码不能继续运行的原因。

在上下文中，契约是一个结构，用于强制执行一些软件组件在通信期间必须遵守的规则。契约主要包括前置条件和后置条件，但在某些情况下，也会涵盖不变量和副作用。

（1）**前置条件**。我们可以称那些在代码运行前所要做的检查为前置条件。它将检查函数运行之前必须满足的所有条件。它是通过验证传递的参数中提供的数据集实现的，如果我们认为验证产生的副作用远小于验证结果的重要性，就没有什么可以阻止我们运行各种验证（例如，验证数据库中的集合、文件、之前调用的另一个方法，等等）。注意，这对调用方施加了约束。

（2）**后置条件**。与前置条件相反，这里的验证是在返回函数调用结果之后完成的。运行后置条件验证，以验证调用方期望从该组件得到什么。

（3）**不变量**。可选项，在函数的文档字符串中记录不变量是一个很好的主意，即当函数代码运行时，把恒定不变事物作为校验函数逻辑是否是正确的表达。

（4）**副作用**。可选项，我们可以在文档字符串中提到代码的任何副作用。

虽然如此，从概念上讲，上面的所有这些项都是软件组件契约的一部分，并且应该成为此类组件的文档，但是只有前两项（前置条件和后置条件）将在较低的级别（代码）上强制执行。

之所以采用契约式设计，是因为如果出现错误，必须是很容易被发现的（通过注意失败的是前置条件还是后置条件，我们很容易找到错误原因），以便能够快速纠正它们。更重要的是，我们希望避免代码的关键部分在错误的假设下执行。如果代码出现错误，那么契约式设计有助于清晰地标记出职责和错误的范围，而不是说——应用程序的这一部分调用失败……但是如果调用方代码提供了错误的参数，那么我们应该在哪里进行修复呢？

这里的意思是说，前置条件是和客户端绑定的（客户端必须满足一些特定的要求才可以调用相应的代码），而后置条件是和组件绑定的，后置条件要保证组件返回的结果是客户端可以校验和处理的。

这样，我们就可以快速确定职责。如果前置条件失败，我们知道这是由客户端本身的缺陷造成的；如果后置条件检查失败，我们知道问题出在程序或类（提供方）本身。

尤其是，关于前置条件，有一方面是需要突出强调的：我们可以在运行时检查异常，如果发生异常，被调用的代码是不应该运行的（这时候运行代码是没有意义的，因为运行代码的前置条件是不完备的，更进一步说，这时运行代码甚至可能产生更糟糕的结果）。

3.1.1　前置条件

前置条件是函数或方法能够正确工作，从而得到期望结果的重要保证。在常见的编程术语中，这通常意味着提供正确格式的数据，如初始化的对象、非空值等。特别是对于 Python 的动态类型，这还意味着有时候我们需要检查客户端所提供数据的类型是否正确。与 Mypy 工具所做的类型检查并不完全相同，这是验证所需的确切值。

这些检查中的一部分可以通过使用静态分析工具（如 Mypy）在早期检测到（见第 1 章），但是这些检查远远不够。函数也应该对将要处理的信息进行适当的验证。

现在就提出了一个问题，验证逻辑应该放在哪里，这取决于我们到底是让客户端在调用函数之前验证所有数据，还是让客户端在运行自己的逻辑之前验证所有接收到的数据。前者对应于一种宽容的方法（因为函数本身仍然允许任何数据存在，甚至可能允许的是潜在的有缺陷的数据），而后者对应于一种苛刻的方法。

为了对这一点进行分析，当涉及 DbC 时，我们倾向于使用苛刻的方法。因为就代码鲁棒性而言，这通常是最安全的选择，而且通常是工程中最常见的实践。

无论我们决定采用哪种方法，我们都应该始终牢记非冗余原则，该原则规定，执行一个功能的每个前置条件时，都应该只由契约两部分中的一个执行，而不是同时由两部分执行。这意味着我们将验证逻辑放在客户端上，或者将其留给函数本身，但是在任何情况下都不应该重复它（这也与 DRY 原则有关，见 3.4 节）。

3.1.2　后置条件

后置条件是契约的一部分，负责在方法或者函数有返回结果之后强制执行这个契约。

假设使用正确的属性调用了函数或方法（即满足其前置条件），那么后置条件将确保保留某些特定属性，即结果。

意思是使用后置条件来检查和验证客户端可能需要的所有内容。如果方法得以正确执行，并且后置条件验证通过，那么任何客户端调用该段代码都应该能正常运行，并且正常返回结果不会报错，因为已经完成了契约。

3.1.3　Python 的契约

在编写本书时，一个名为"Python 契约式编程"的 PEP-316 规范搁浅了。这并不意味着我们不能在 Python 中实现它，因为契约是一个通用的设计原则。

实现契约式编程的最佳方法可能是为方法、函数和类添加控制机制，若违反约定，则会引发 RuntimeError 或 ValueError 异常。很难为异常的正确类型设计通用规则，因为异常的类型很大程度上取决于应用程序。前文提到的异常是最常见的异常类型，但是如果它们不能准确地说明问题，那么最好创建自定义异常。

我们还希望将代码尽可能地"分离"（解耦）。也就是说，把前置条件的代码写在一个模块中，把后置条件的代码写在另一个模块中，并且与函数的核心代码分开写。我们可以通过创建更小的函数来实现这种分离，但在某些情况下，用装饰器实现这个功能将是一个有趣的替代方法。

3.1.4 设计契约：结论

这个设计原则的主要价值是有效地识别问题所在。通过定义契约，一旦运行时发生故障，我们就可以清楚地知道代码的哪一部分被破坏，即调用失败），以及是什么破坏了契约。

遵循这一原则的结果是，代码将更具鲁棒性。每个组件都执行自己的约束并维护一些不变量，只要这些不变量得以保存（即获得有效结果），就可以证明代码是正确的。

契约还有助于更好地阐明程序的结构。契约不是试图运行临时验证，也不是试图克服所有可能的故障情况，而是明确指定每个函数或方法期望正常工作的内容，以及我们期望可以从它们那里获取的结果。

当然，遵循这些原则势必会增加额外的工作，因为我们不仅要编写主应用程序的核心逻辑，还要编写契约。我们可能还想为这些契约添加单元测试。然而，这种方法所获得的质量从长远来看是值得的，因此为应用程序的关键组件实现这个原则是一个好主意。

尽管如此，要使这种方法得以有效实施，我们应该仔细考虑我们想要验证的是什么，而这必须是一个有意义的值，例如，定义只检查提供给函数的参数的数据类型是否正确的契约并没有多大意义。许多程序员会辩解说，这就像试图使 Python 成为一种静态类型语言一样。无论如何，Mypy 这样的工具结合注释一起使用，可以更好地实现这一目标，并且更省力。有了这样的思路，设计契约会让某些操作更有实际价值，例如，检查正在传递和返回的对象的属性、它们必须持有的条件，等等。

3.2　防错性程序设计

防错性程序设计遵循的原则与 DbC 略有不同：不是声明契约中必须包含的所有条件（如果未满足这些条件，将引发异常并使程序调用失败），而是使代码的所有部分（对象、函数或方法）能够保护自己不受无效输入的影响。

防错性程序设计是一项具有多面性的技术，这在与其他设计原则结合使用的时候是非常有用的（这意味着它遵循着与 DbC 不同的理念，但并不意味着它们是互斥的，而意味着它们很可能是互补的）。

防错性程序设计的主要思想是如何处理预期可能发生的场景中的错误，以及如何处理不应该发生的错误（当预判不可能的情况发生时）。前者将涉及错误处理过程，而后者将涉及断言，这两个主题我们将在下面几节中探讨。

3.2.1　错误处理

在程序中，我们可以在自己认为容易出错的情况下运用错误处理程序，通常是输入数据的情况。

错误处理背后的思想是优雅地响应这些预期的错误，以便决定到底是继续执行程序，还是在无法修复错误时宣布程序运行失败。

我们可以用不同的方法处理程序中的错误，但并不是所有方法都有用。这些方法包括值替换、异常处理和错误日志，本节主要介绍前两种方法。

1．值替换

在某些场景中，当出现错误并且存在软件产生错误值或完全失败的风险时，我们或许可以用另一个更安全的值替换这个结果。我们称这个值为替换值，因为实际上是用一个对结果无干扰的值代替值的实际错误结果（可以是一个默认值、一个众所周知的常数、一个标记值或者仅仅是一些不影响结果的值，例如在一个求和的结果中返回 0）。

然而，并不是总是有替换值的。在选择使用值替换策略时请务必谨慎，只有替换值是一个实际上安全的选项，才可以使用这个方法。做出这个决定需要在鲁棒性和正确性之间进行权衡。理论上来说,当出现错误的场景时,软件程序也不报错,仍然可以正常运行,这意味着程序是具有较强的鲁棒性的。但这也是不正确的。

对于某些软件来说,值替换策略可能是不可接受的。如果应用程序很关键,或者正在处理的数据异常敏感,这样做就是不对的,因为我们不能向用户(或应用程序的其他部分)提供错误的结果。在这些情况下,选择正确性远好于让程序在产生错误结果时报错。

值替换策略的另一个稍微不同且更安全的版本是,对未提供的数据使用默认值。例如,可能会出现这种情况,在未设置默认的环境变量值,或者配置文件或函数变量缺少相关信息时,部分代码仍然可以以默认的方式运行。我们可以在 Python 的 API 的不同方法中找到支持这种情况的例子,例如,字典有一个 get 方法,它的第二个参数(可选的)允许你指定一个默认值:

```
>>> configuration = {"dbport": 5432}
>>> configuration.get("dbhost", "localhost")
'localhost'
>>> configuration.get("dbport")
5432
```

环境变量也有类似的 API:

```
>>> import os
>>> os.getenv("DBHOST")
'localhost'
>>> os.getenv("DPORT", 5432)
5432
```

在前面的两个示例中,如果没有提供第二个参数,则返回 none,因为这些函数是用默认值定义的。我们也可以为自己函数的参数定义默认值:

```
>>> def connect_database(host="localhost", port=5432):
...     logger.info("connecting to database server at %s:%i", host, port)
```

一般来说,用默认值替换缺失的参数是可接受的,但是用合法的相近值替换错误的数据是非常危险的,并且可能掩盖一些错误。在决定采用这种方法时,请把上述问题考虑进去。

2. 异常处理

在存在错误数据或缺少输入数据的情况下,有时可以通过一些示例加以纠正,如前面一节中提到的例子。不过，在其他情况下，最好让程序停止运行错误的数据，而不是让它在错误的假设下继续计算。在这些情况下，一种比较好的方式是，停止代码运行并向调用方报错。这些情况违反了前置条件，正如我们在 DbC 中所看到的。

尽管如此，错误的输入数据并不是导致函数出错的唯一可能途径。毕竟，函数不仅要传递数据，它们也有副作用，并且与外部组件也有连接。

函数调用中的错误可能是由一些外部组件中的问题导致的，而不是由函数本身引起的。如果是这种情况，函数就应该正确地传递这个信息。这将使调试更加容易。函数应该明确地将不能忽略的错误通知给应用程序的其他部分，以便其他部分能够相应地处理这些错误。

实现这个通知的机制就是抛出异常。需要强调的是，异常应该用于明确地声明异常情况，而不是根据业务逻辑更改程序流程。

如果代码试图用异常处理预期的场景或业务逻辑，则程序流将变得难以读取。这将导致一种情况，异常被用作某种 go-to 语句，（更糟的是）它可能跨越调用堆栈上的多个级别（直到调用到函数），这样做违反了把"逻辑封装到其正确抽象级别"的本意。如果这些 except 模块将业务逻辑与代码试图防范的真正的异常情况混在一起，那么情况可能会变得更糟。在这种情况下，我们更难区分必须维护的核心逻辑和要处理的错误。

 不要将异常用作 go-to 业务逻辑的处理机制。如果确实有一些代码错误导致异常被引发，是需要调用方引起高度注意的。

最后一个概念很重要：异常通常是用来将程序执行中发生的错误通知给调用方的。这意味着异常应该谨慎使用，因为它们削弱了封装性。一个函数有越多的异常，调用方函数就必须预测更多的异常，从而了解所调用的函数。如果一个函数引发了太多的异常，这就意味着它并不是那么与上下文无关的，因为每次我们想要调用它时，都必须记住它所有可能的副作用。

这可以作为一种警示来判断一个函数是否具有足够的内聚性和是否承担了太多的职责。如果这个函数引发了太多的异常，就可能意味着它必须被分解成多个更小的函数。

下面介绍一些与 Python 中的异常相关的建议。

（1）在正确的抽象层次上处理异常。异常也是主要函数的一部分，它们只做一件事。函数正在处理（或引发）的异常必须与封装在其上的逻辑保持一致。

在下面的示例中，我们可以看到混合不同层次的抽象意味着什么。假设有一个对象，用作应用程序中某些数据的传输设备。它连接到一个外部组件，数据将在解码后被发送到该组件。在下面的代码段中，我们将重点介绍的是 deliver_event 方法：

```python
class DataTransport:
    """An example of an object handling exceptions of different levels."""

    retry_threshold: int = 5
    retry_n_times: int = 3

    def __init__(self, connector):
        self._connector = connector
        self.connection = None

    def deliver_event(self, event):
        try:
            self.connect()
            data = event.decode()
            self.send(data)
        except ConnectionError as e:
            logger.info("connection error detected: %s", e)
            raise
        except ValueError as e:
            logger.error("%r contains incorrect data: %s", event, e)
            raise

    def connect(self):
        for _ in range(self.retry_n_times):
            try:
                self.connection = self._connector.connect()
            except ConnectionError as e:
                logger.info(
                    "%s: attempting new connection in %is",
                    e,
                    self.retry_threshold,
                )
                time.sleep(self.retry_threshold)
            else:
```

```
                    return self.connection
        raise ConnectionError(
                f"Couldn't connect after {self.retry_n_times} times"
        )


    def send(self, data):
        return self.connection.send(data)
```

为了进行分析，让我们放大并关注 deliver_event()方法是如何处理异常的。

ValueError 和 ConnectionError 有什么关系？这两者没什么关系。通过观察这两种截然不同的错误类型，我们可以了解应该如何划分职责。ConnectionError 应该在 connect 方法中处理。这将允许一个明确的分离行为。例如，如果这个方法需要支持重试，那么这就是一种实现方式；反之，ValueError 属于事件的 decode（解码）方法。有了这个新的实现方法，这个方法就不需要捕捉任何异常——以前担心的异常要么由内部方法处理，要么被故意引发了。

我们应该把这些代码段分成不同的方法或函数。对于连接管理，使用一个小函数就足够了。此函数将负责尝试建立连接、捕获异常（如果发生异常的话）并相应地记录异常，代码如下所示：

```
def connect_with_retry(connector, retry_n_times, retry_threshold=5):
    """Tries to establish the connection of <connector> retrying
    <retry_n_times>.

    If it can connect, returns the connection object.
    If it's not possible after the retries, raises ConnectionError

    :param connector: An object with a `.connect()` method.
    :param retry_n_times int: The number of times to try to call
                              `connector.connect()`.
    :param retry_threshold int: The time lapse between retry calls.

    """
    for _ in range(retry_n_times):
        try:
            return connector.connect()
        except ConnectionError as e:
            logger.info(
                "%s: attempting new connection in %is", e, retry_threshold
```

```
    )
    time.sleep(retry_threshold)
exc = ConnectionError(f"Couldn't connect after {retry_n_times} times")
logger.exception(exc)
raise exc
```

然后，我们将在方法中调用这个函数。对于事件上的 ValueError 异常，我们可以用一个新对象将其分离并进行组合，但是对于这种有限的情况，这样做是多余的，因此将逻辑移动到一个单独的方法中就足够了。考虑了这两个因素，新版本的方法看起来更简洁、更容易阅读：

```python
class DataTransport:
    """An example of an object that separates the exception handling by
    abstraction levels.
    """

    retry_threshold: int = 5
    retry_n_times: int = 3

    def __init__(self, connector):
        self._connector = connector
        self.connection = None

    def deliver_event(self, event):
        self.connection = connect_with_retry(
            self._connector, self.retry_n_times, self.retry_threshold
        )
        self.send(event)

    def send(self, event):
        try:
            return self.connection.send(event.decode())
        except ValueError as e:
            logger.error("%r contains incorrect data: %s", event, e)
            raise
```

（2）不公开回溯。这是出于安全的考虑。在处理异常时，如果错误非常重要，允许它们传播是可以接受的。如果这是针对特定场景的决策，并且正确性比鲁棒性更重要，甚至可以让程序失败。

当出现表示问题的异常时，重要的是尽可能详细地记录（包括回溯信息、消息和所能收集到的所有信息），以便有效地纠正问题。与此同时，我们希望为自己包含尽可能多的细节——我们当然不希望任何细节对用户可见。

在 Python 中，异常的回溯包含非常丰富和有用的调试信息。然而，对于那些想要破坏应用程序的攻击者或恶意用户来说，这些信息也是非常有用的，更不用说重要信息的泄露，这会危及机构的知识产权（部分代码将被公开）。

如果你选择让异常传播，请确保不要公开任何敏感信息。此外，如果必须通知用户某个问题，请选择通用消息（例如出错或没有找到页面）。这是 Web 应用程序中使用的一种常见技术，当 HTTP 错误发生时，Web 应用程序将显示通用消息。

（3）避免使用空的 except 块。这甚至被称为最邪恶的 Python 反模式。虽然这对预测和保护程序不受某些错误影响是件好事，但是过度防错可能会导致更糟糕的问题。尤其是，过度防错唯一的问题是可能存在一个空的 except 块，它无声地通过程序，不做任何事情。

Python 非常灵活，它允许我们编写可能有错的代码，但不会引发异常，例如：

```
try:
    process_data()
except:
    pass
```

这样做的问题是，这段代码永远不会失败，即使是在它应该报错的时候。如果你还记得 Python 的基本思想——"错误永远不应该无声地传递"，就应该知道这样做是不符合 Python 原则的。

如果有一个真正的异常，这段代码将不会失败，这可能是我们首先想要的。但是如果有缺陷呢？我们需要知道逻辑是否有错，以便能纠正它。像这样的代码块会掩盖问题，使维护变得更加困难。

一般有两种备选方法：其一，捕获更具体的异常（不是太宽泛，如 Exception），事实上，在某些情况下，如果代码处理的异常太宽泛，一些 linting 工具和 IDE（集成开发环境）会给出警告；其二，在 except 块上执行一些实际的错误处理。

优选的办法是同时应用这两种方法。

处理更具体的异常（如 AttributeError 或 KeyError）将使程序更易于维护，因为读写器将知道期望什么，并能够了解为什么会出现这种情况。它还使其他异常自由地浮现出来，如果发生了这种情况，这可能意味着一个 bug，只有在这时候这个 bug 才能被发现。

处理异常本身可能意味着许多事情。在最简单的形式中，它可能只是记录异常（确保使用 logger.exception 或者 logger.error，以提供所发生事件的完整上下文的错误）。其他备选方法可能是返回默认值（在本示例中，只有在检测到错误之后才返回默认值，而不是在导致错误之前），或者引发不同的异常。

 如果你选择引发一个不同的异常，请包含导致问题的原始异常，这将带领我们进入下一点。

（4）包含原始异常。作为错误处理逻辑的一部分，我们可能决定引发一个不同的错误处理逻辑，甚至可能更改它的信息。如果是这种情况，建议包含导致这种情况的原始异常。

在 Python 3（PEP-3134）中，我们可以使用 raise <e> from <original_ exception>语法。当使用这个结构时，原始的回溯将嵌入新的异常中，并且原始异常会被放入计算结果的 __cause__ 特性中去。

例如，如果我们希望在项目内部用自定义异常包装默认异常，仍然可以同时包含关于根异常的信息：

```python
class InternalDataError(Exception):
    """An exception with the data of our domain problem."""


def process(data_dictionary, record_id):
    try:
        return data_dictionary[record_id]
    except KeyError as e:
        raise InternalDataError("Record not present") from e
```

 在更改异常类型时，请始终使用 raise <e> from <o>语法。

3.2.2 在 Python 中使用断言

断言用于不应该发生的情况，因此 assert 语句中的表达式必须表示一种不可能的情况。如果出现这种情况，就意味着软件有缺陷。

与错误处理方法有所不同，这里有（或不应该有）继续该程序的可能性。如果发生这样的错误，程序必须停止。停止这个程序是有必要的，如前所述，我们正面临一个缺陷，所以无法通过发布一个纠正这个缺陷的软件新版本的方式来继续前进。

使用断言是为了避免程序在出现这种无效场景时造成更大的破坏。有时候，最好停止并让程序崩溃，而不是让它在错误的假设下继续运行。

因此，断言不应该与业务逻辑混合使用，也不应该用作软件的控制流机制。下面的代码段是个反面示例：

```
try:
    assert condition.holds(), "Condition is not satisfied"
except AssertionError:
    alternative_procedure()
```

　请勿捕获 AssertionError 异常。

请确保当断言失败时程序终止，并在断言语句中包含描述性错误消息，并记录错误，以确保稍后可以正确调试和纠正问题。

上述代码不够好的另一个重要原因是，除了捕获 AssertionError，断言中的语句是一个函数调用。函数调用可能有副作用，而且这些副作用并不总是可重复的（我们不知道再次调用 condition.holds()函数是否会产生相同的结果）。此外，如果我们在这一行中止调试程序，就可能无法方便地看到导致错误的结果。同样，即便再次调用那个函数，我们也不知道那个值是否有问题。

更好的方法所需的代码行更少，并能提供更多有用的信息：

```
result = condition.holds()
assert result > 0, "Error with {0}".format(result)
```

3.3　关注点分离

这是一个应用于多个层次的设计原则。它不但与底层设计（代码）有关，而且在更高的抽象层次上也是相关的，所以我们稍后将在讨论系统结构时提到它。

应用程序的不同组件、层或模块，应当承担不同的职责。程序的每个部分应该只负责部分功能（我们称之为它的关注点），并且它不应该知道其他部分的功能和逻辑。

在软件中分离关注点的目标是通过最小化连锁效应来增强可维护性。**连锁**效应是指，在软件中，从一个起点开始的变化导致错误疯狂传播。这可能是一个错误或异常触发了一连串的异常情况，从而导致失败，进而导致应用程序的远程部分出现错误。也可能由于函数定义中一个简单的更改，我们不得不更改分散在代码库多个部分中的许多代码。

显然，我们不希望上述情况发生。软件必须易于修改。如果我们必须修改或重构代码中的某些部分，那么这部分代码对应用程序其余部分产生的影响必须是最小——这一点可以通过适当的封装实现。

同样，我们希望任何潜在的错误都能得到控制，以杜绝造成重大事故。

关注点分离这个原则与 DbC 原则相关，因为每个关注点都可以通过契约执行。一旦违反契约，并由此引发异常，我们就能知道程序的哪些部分会出现故障，以及哪些职责没有得以履行。

尽管有这些相似之处，但是关注点分离的作用更进一步。我们通常认为函数、方法或类之间的契约适用于必须分离的职责，实际上关注点分离的思想还适用于 Python 模块、包和基本上任何软件组件。

内聚和耦合

内聚和耦合都是优秀软件设计的重要概念。一方面，**内聚**意味着对象应该有一个小的、定义良好的目标，并且它们应该尽可能少地做事情。内聚遵循与 UNIX 命令类似的原埋——一个命令只做一件事，而且做得很好。对象的内聚性越强，它们的有用性和可重用性就越强，也就意味着我们的设计越好。另一方面，**耦合**指的是两个或多个对象如何相互依赖。这种依赖造成了限制。如果两部分代码（对象或方法）过于依赖彼此，就会带来如下一些我们不希望看到的结果。

（1）**没有代码可以重用**。如果一个函数过于依赖一个特定的对象，或使用太多的参数，就说它与这个对象耦合，这意味着这个函数在不同的上下文中将很难被重复使用（为此，我们必须找到一个合适的参数，该参数符合一个非常严格的接口）。

（2）**连锁反应**。两个部分代码中的一个变化肯定会影响到另一个，因为它们过于紧密相关了。

（3）**低抽象层次**。当两个函数紧密相关时，很难将它们视为在不同抽象层次解决问题的不同关注点。

 经验之谈就是，定义良好的软件应该是高内聚和低耦合的。

3.4　常用缩略词

在本节中，我们将介绍一些产生好的设计思想的原则，重点通过易于记忆的缩略词快速地与良好的软件实践联系起来。如果牢记了这些缩略词，你就能更容易地把它们与好的实践联系起来，并且有助于你在学习后续章节的特定代码行时，更快找到代码行背后正确的思想。

这些缩略词并不是正式的或学术性的定义，反而更像是在软件行业工作多年后积累的经验。其中一些缩略词确实在书籍中出现过，是由重要的作者创造出来的，而其他一些可能源于博客文章、论文或会议演讲。

3.4.1　DRY 和 OAOO

"避免自身重复"（Don't Repeat Yourself，DRY）和"一次且仅有一次"（Once and Only Once，OAOO）这两个概念是紧密相关的，所以在这里将它们放在一起讨论。这两个概念的意义不言自明，即你应该不惜一切代价避免重复。

代码中涉及的东西——知识，应该只在一个地方定义一次。如果必须更改代码，那么应该只有一个合法的位置可以修改。如果不这样做，则表明系统设计得很差。

代码重复是一个直接影响到可维护性的问题，是非常不可取的，因为它会导致许多负面结果。

（1）**易错**。如果某些逻辑在整个代码中重复多次，并且需要更改，那么我们必须使用该逻辑有效地纠正所有实例，不能遗漏其中任何一个实例，因为一旦忘记纠正任何实例，都会出现 bug。

（2）**成本很高**。与前一点相关联，在多个地方进行更改比只定义一次要花费更多的时间（开发和测试工作），这会让团队整体开发进度慢下来。

（3）**不可靠**。还是与第一点相关，如果上下文中的单个更改需要更改多个位置，就需要编写代码的人记住所有必须进行修改的实例。

重复常常是由忽略（或忘记）代码所代表的知识造成的。通过给代码的某些部分赋予意义的方式，我们正在识别和标记这些知识。

让我们通过一个例子来看看这是什么意思。想象一下，在一个学习机构中，学生排名遵循这样的标准：通过一门考试得 11 分，每失败一门得 5 分，在该机构每年减 2 分。下面并不是实际的代码，只是一个在实际代码库中的表示：

```
def process_students_list(students):
    # do some processing...

    students_ranking = sorted(
        students, key=lambda s: s.passed * 11 - s.failed * 5 - s.years * 2
    )
    # more processing
    for student in students_ranking:
        print(
            "Name: {0}, Score: {1}".format(
                student.name,
                (student.passed * 11 - student.failed * 5 - student.years *2),
            )
        )
```

请注意在排序函数键中的 lambda 表示了来自领域问题的一些有效知识，但它并没有反映出这些知识（它没有名称，没有正确和合法的位置，没有赋予代码任何意义，什么也没有）。代码中这种意义的缺乏导致了我们在列出评分的同时打印出分数时发现的重复。

我们应该在代码中反映自己对领域问题的知识，这样就不太可能出现代码重复问题，也更容易理解：

```
def score_for_student(student):
    return student.passed * 11 - student.failed * 5 - student.years * 2

def process_students_list(students):
```

```
    # do some processing...

    students_ranking = sorted(students, key=score_for_student)
    # more processing
    for student in students_ranking:
        print(
            "Name: {0}, Score: {1}".format(
                student.name, score_for_student(student)
            )
        )
```

公平的免责声明是这样的：这只是对代码重复特性之一的分析。实际上，代码重复有更多的案例、类型和分类，用一整章专门讨论这个主题都不为过，但是这里我们只关注一个特定的方面，以使首字母缩略词背后的思想更加清晰。

在本节给出的示例中，我们采用了可能是消除代码重复最简单的方法：创建一个函数。根据情况的不同，最佳解决方案也会有所不同。在某些情况下，可能需要创建一个全新的对象（可能缺少一个完整的抽象对象）；在其他情况下，我们可以用上下文管理器消除代码重复。迭代器或生成器（见第 7 章）也有助于避免代码重复，装饰器（见第 5 章）对于避免代码重复也是有帮助的。

然而，并没有通用的规则或模式来告诉你哪些 Python 的特性最适合用来解决代码重复问题，但在学过本书的示例，并知道如何使用 Python 的元素后，你可以凭借自己的直觉解决这一问题。

3.4.2　YAGNI

如果你不想让自己的代码被过度设计，那么请在编写解决方案时牢记 YAGNI（You Ain't Gonna Need It）这个概念。

我们希望能够很容易地修改自己的程序，因此希望自己所编写的代码不会过时。许多开发人员觉得自己必须预测所有未来的需求，并创建了非常复杂的解决方案，进而创建了难以阅读、维护和理解的抽象概念。过了一段时间，他们发现原来那些预期的需求并没有出现，或者它们以一种不同的方式出现了（真令人惊讶！），而原本应该精确处理这些需求的原始代码并没有奏效。问题是，这时重构和扩展程序变得非常困难。常常发生的情况是，原始解决方案没有正确地处理原始需求，当前的解决方案也没有正确地处理原始需求，而且这些仅仅是因为它是错误的抽象概念。

构建可维护的软件不是为了预测未来的需求（不要研究未来学！），而是要编写只处理当前需求的软件，以便以后能够（而且很容易）对它进行更改。换句话说，在设计时，请确保不被自己的决定所束缚，确保自己能够继续构建代码，但不要构建一些不必要的东西。

3.4.3　KIS

保持简单（Keep It Simple，KIS）与前面的观点有很大的联系。在设计软件组件时，要避免过度设计，要时刻问问自己解决方案是否是最适合这个问题的。

实现正确解决问题的最小功能，并且不要使解决方案过于复杂。记住，设计越简单，就越容易维护。

这个设计原则是我们在所有抽象级别上都要牢记的，无论是考虑高级设计，还是处理特定的代码行。

在一个高级层次上，考虑我们正在创建的组件。我们真的需要所有这些组件吗？这个模块现在真的需要完全可扩展吗？强调最后一点——或许我们想使该组件可扩展，但现在不是正确的时间，或这样做是不合适的，因为我们还没有足够的信息来创建适当的抽象概念，此时试图提出通用接口只会导致一些更严重的问题。

在代码方面，保持简单通常意味着使用适合问题的最小数据结构——你很可能在标准库中找到它。

有时，我们可能会使代码过于复杂，创建太多不必要的函数或方法。下面的类根据给定的一组关键字参数创建命名空间，但是它有一个相当复杂的代码接口：

```python
class ComplicatedNamespace:
    """An convoluted example of initializing an object with some
properties."""

    ACCEPTED_VALUES = ("id_", "user", "location")

    @classmethod
    def init_with_data(cls, **data):
        instance = cls()
```

```
        for key, value in data.items():
            if key in cls.ACCEPTED_VALUES:
                setattr(instance, key, value)
        return instance
```

拥有用于初始化对象的其他类方法似乎并不是真正必要的。然后，迭代并在其中调用 setattr，使事情变得更加奇怪，呈现给用户的接口也变得不是那么清晰：

```
>>> cn = ComplicatedNamespace.init_with_data(
...     id_=42, user="root", location="127.0.0.1", extra="excluded"
... )
>>> cn.id_, cn.user, cn.location
(42, 'root', '127.0.0.1')

>>> hasattr(cn, "extra")
False
```

用户必须知道另一种方法的存在，这是不方便的。能够保持简单是最好的，就像我们用 __init__ 方法初始化 Python（毕竟，有一个方法可以做到这一点）中任何其他对象一样初始化这个对象：

```
class Namespace:
    """Create an object from keyword arguments."""

    ACCEPTED_VALUES = ("id_", "user", "location")

    def __init__(self, **data):
        accepted_data = {
            k: v for k, v in data.items() if k in self.ACCEPTED_VALUES
        }
        self.__dict__.update(accepted_data)
```

记住 Python 的精髓：简单总比复杂好。

3.4.4　EAFP 和 LBYL

EAFP 即 Easier to Ask Forgiveness than Permission，意思是请求原谅比请求许可更容易。

LBYL 即 Look Before You Leap，意思是三思而后行。

EAFP 的思路是，先编写代码，以便它直接执行一个操作，然后对结果加以处理，以防它不起作用。通常,这意味着尝试运行一些代码,期望它能正常工作,如果它不能正常工作,则捕获异常,然后在 except 块上处理需要纠正的代码。

这与 LBYL 的思路相反。见文知意,在 look before you leap 方法中,我们首先检查将要使用什么。例如,在尝试操作一个文件之前,我们可能想要检查它是否可用:

```
if os.path.exists(filename):
    with open(filename) as f:
        ...
```

这可能对其他编程语言有好处,但这不是 Python 编写代码的方式。Python 是用 EAFP 之类的思想构建的,它鼓励你遵循这些思想(记住,显式比隐式好)。上一段代码重写后的样式如下:

```
try:
    with open(filename) as f:
        ...
except FileNotFoundError as e:
    logger.error(e)
```

 相比 LBYL 方法,请更多地使用 EAFP。

3.5 组合和继承

在面向对象的软件设计中,我们经常会讨论如何用范式的主要思想(多态性、继承和封装)解决一些问题。

这些思想中最常用的可能是继承——开发人员通常从创建一个类层次结构开始,其中包含所需要的类,并决定每个类应该实现的方法。

虽然继承是一个强大的概念,但它也带来了风险。主要原因是,每次扩展基类时,都要创建一个与父类紧密耦合的新类。正如我们已经讨论过的,在设计软件时,我们希望将耦合降至最低。

开发者使用继承主要是为了进行代码的重用。虽然我们应该鼓励代码重用,但是如果通过继承进行代码重用仅仅是为了获取父类中的方法,那么这并不是一个好主意。正确的代码重用是抽象出高内聚的对象——这些对象可以进行灵活的组合并能够在不同的上下文中正常工作。

3.5.1　什么时候继承是一个好的决定

创建派生类时，我们必须小心，因为这是一把双刃剑：一方面，它的优点是让我们免费得到父类方法的所有代码；另一方面，把它们带到一个新的类，这意味着我们可能在一个新的定义上过于注重功能性。

当创建一个新的子类时，我们必须考虑它是否真的要使用它刚刚继承的所有方法，以此作为一种启发式方法来查看类是否被正确定义。相反，如果我们发现不需要大多数方法，并且不得不重写或替换它们，这就是一个设计错误，其可能是由以下原因造成。

（1）超类的定义很模糊，包含太多的职责，而不是定义良好的接口。

（2）子类不是它试图扩展的超类的适当特性化。

使用继承的一个好的示例如下：假设有一个类，用于定义特定组件和被这个类的接口定义了的行为（它的公共方法和属性），然后你需要将这个类专门化，以便创建具有相同功能但是添加了其他内容的对象，或者是有一些用于它行为改变的特殊部分的对象。

你可以在 Python 标准库中找到继承的良好用例。例如，在 http.server 包中，我们可以找到一个基类（如 BaseHTTPRequestHandler）以及一些子类（如 SimpleHTTPRequestHandler），它们通过添加或更改基础接口的一部分扩展这个类。

说到"接口定义"，这是继承的另一个很好的用途。如果想使用一些对象的接口，我们可以创建一个抽象基类。该类不实现行为本身，而只是定义接口——每个扩展这个接口的类都必须实现这些接口，以成为一个合适的子类。

最后，另一个关于继承的好示例是异常。我们可以看到 Python 中的标准异常源自 Exception。这允许你使用一个通用子句，例如 except Exception:，用于捕获所有可能的错误。重要的一点是概念上的，它们是从 Exception 派生出来的类，因为它们是更具体的异常。这也适用于一些众所周知的库（如 requests），其中 HTTPError 是 RequestException，而 RequestException 又是 IOError。

3.5.2　反模式的继承

如果必须将 3.5.1 节的内容总结为一个词，那就是"专门化"。继承的正确用法是专门化对象，并从基本抽象开始创建更详细的抽象。

父类（或基类）是新派生类的公共定义的一部分。这是因为继承的方法将是这个新类接口的一部分。因此，当我们读取类的公共方法时，它们必须与父类定义的一致。

例如，如果我们看到一个派生自 BaseHTTPRequestHandler 的类实现了一个名为 handle()的方法，这是有意义的，因为它覆盖了其中一个父类。如果它有任何其他方法，其名称与 HTTP 请求相关的操作相关联，那么我们也可以认为它的位置是正确的（但是如果我们在该类上发现了名为 process_purchase()的东西，就不能这样认为了）。

前面的说明可能看起来很明显，但是这是经常发生的事情，特别是当开发人员试图以重用代码为唯一目标使用继承时。在下一个示例中，我们将看到一种典型的情况，这个情况代表了一种常见的反模式 Python——这是一个领域问题，并为此设计了一个合适的数据结构，但不同于创建一个对象来使用这样一个数据结构的是，这个对象变成了数据结构本身。

让我们通过一个示例更具体地看看这些问题。假设我们有一个保险管理系统，其中有一个模块负责为不同的客户提供保险单。我们需要在内存中保存一组当时正在处理的客户信息，以便在进一步处理或持久保存信息之前应用这些更改。我们需要的基本操作是把新客户及其记录存储为卫星数据，对策略应用更改或编辑某些数据，此处仅举这几个例子。我们还需要支持批处理操作，即当策略本身的某些内容发生更改时（此模块当前正在处理的内容），我们必须把这些更改整体应用于当前事务的客户。

考虑到所需要的数据结构，我们意识到在特定时间内访问特定客户的记录是一个很好的特性。因此，像 policy_transaction[customer_id]之类的东西看起来是一个不错的接口。从这一点来看，我们可能认为可订阅对象是一个好主意，甚至可能会认为所需要的对象是一个字典。

```
class TransactionalPolicy(collections.UserDict):
    """Example of an incorrect use of inheritance."""

    def change_in_policy(self, customer_id, **new_policy_data):
        self[customer_id].update(**new_policy_data)
```

使用这段代码，我们可以通过客户的标识符获取客户的策略信息：

```
>>> policy = TransactionalPolicy({
...     "client001": {
...         "fee": 1000.0,
...         "expiration_date": datetime(2020, 1, 3),
...     }
... })
>>> policy["client001"]
{'fee': 1000.0, 'expiration_date': datetime.datetime(2020, 1, 3, 0, 0)}
>>> policy.change_in_policy("client001", expiration_date=datetime(2020, 1,
4))
>>> policy["client001"]
{'fee': 1000.0, 'expiration_date': datetime.datetime(2020, 1, 4, 0, 0)}
```

当然，我们首先实现了想要的接口，但代价是什么呢？现在，这个类有很多额外的行为——这些行为来自于执行不必要的方法：

```
>>> dir(policy)
[ # all magic and special method have been omitted for brevity...
  'change_in_policy', 'clear', 'copy', 'data', 'fromkeys', 'get', 'items',
'keys', 'pop', 'popitem', 'setdefault', 'update', 'values']
```

这种设计（至少）存在两个主要问题。第一个问题，层级是错误的。从概念上讲，从基类上创建一个新类意味着它是正在扩展的类的一个更具体的版本（因此得名）。TransactionalPolicy 如何成为字典？这说得通吗？请记住，这是对象的公共接口的一部分，因此用户将看到该类及其层级，并将注意到这种奇怪的专门化及其公共方法。

第二个问题——耦合。事务策略的接口现在包括字典中的所有方法。事务策略是否真的需要 pop() 或 items() 等方法？但是，它们的确存在。它们也是公共的，因此该接口的任何用户都有权调用它们，不管它们可能带来什么不希望的副作用。关于这一点，通过扩展字典我们并没有获得太多收益。它实际需要更新的唯一方法——当前策略（change_in_policy()）的一个改变所影响的所有用户更新的方法——是不在基类上的，因此我们必须自己定义它。

这是一个将实现对象与领域对象混合的问题。字典是一个实现对象，一种数据结构，适合于某些特定类型的操作，并且像所有数据结构一样需要权衡。事务策略应该表示领域问题中的某些问题，即我们试图解决的问题的一部分实体问题。

　　像这样的层次结构是不正确的，仅仅因为我们从基类中获得了一些魔法方法（通过扩展字典使对象可订阅），还不足以创建这样的扩展。实现类应该只在创建其他更具体的实现类时进行扩展。换句话说，如果你想创建另一个（更具体的，或稍微修改过的）字典，请扩展字典。同样的规则也适用于领域问题的类。

　　这里正确的解决方法是使用组合。TransactionalPolicy 不是字典——它使用字典。它应该在私有属性中存储一个字典，并通过代理该字典来实现__getitem__()，然后只实现它需要的其他公共方法：

```python
class TransactionalPolicy:
    """Example refactored to use composition."""

    def __init__(self, policy_data, **extra_data):
        self._data = {**policy_data, **extra_data}

    def change_in_policy(self, customer_id, **new_policy_data):
        self._data[customer_id].update(**new_policy_data)

    def __getitem__(self, customer_id):
        return self._data[customer_id]

    def __len__(self):
        return len(self._data)
```

　　这种方法不但在概念上是正确的，而且更具有可扩展性。如果将来更改底层数据结构（假设这个结构目前是一个字典），只要维护接口，此对象的调用方就不会受到影响。这减少了耦合，最小化了涟漪效应，允许更好的重构（不应该更改单元测试），并使代码更易于维护。

3.5.3　Python 中的多重继承

　　Python 支持多重继承。如果没有正确地使用继承，就会导致设计问题，你还能预想到，多重继承在没有正确实现时还会产生更大的问题。

　　因此，多重继承是一把双刃剑。在某些情况下，这也是非常有益的。需要说明的是，多重继承并没有什么错——唯一的问题是，如果没有正确地实现它，则将导致问题成倍增加。

如果使用得当，多重继承是一个非常有效的解决方案，这将打开一种新的模式（如我们将要在第 9 章中讨论的适配器模式）和 mixin 类。

多重继承最强大的应用程序之一可能是支持创建 mixin 的应用程序。在研究 mixin 之前，我们需要了解多重继承是如何工作的，以及如何在复杂的层次结构中解析方法。

1. 解决排序的方法（MRO）

有些人不喜欢多重继承，因为它在其他编程语言中存在约束，例如所谓的 diamond 问题。当一个类从两个或多个类扩展而来，并且所有这些类也从其他基类扩展而来时，底层的类将有多种方法来解析来自顶层类的方法。问题是，实现这一功能使用了哪些方法？

考虑下面的图，它有一个具有多重继承的结构。顶层类有一个类属性，并且实现了__str__方法。考虑任何一个具体的类，例如 ConcreteModuleA12——它从 BaseModule1 和 BaseModule2 扩展而来，并且两者都将通过 BaseModule 来实现__str__方法。这两种方法中的哪一种适用于 ConcreteModuleA12 呢？

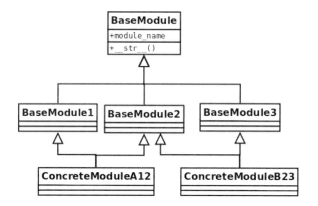

使用类的属性值，有助于明确上述问题：

```
class BaseModule:
    module_name = "top"

    def __init__(self, module_name):
        self.name = module_name

    def __str__(self):
        return f"{self.module_name}:{self.name}"
```

```
class BaseModule1(BaseModule):
    module_name = "module-1"

class BaseModule2(BaseModule):
    module_name = "module-2"

class BaseModule3(BaseModule):
    module_name = "module-3"

class ConcreteModuleA12(BaseModule1, BaseModule2):
    """Extend 1 & 2"""

class ConcreteModuleB23(BaseModule2, BaseModule3):
    """Extend 2 & 3"""
```

现在，让我们测试一下，看看调用了什么方法：

```
>>> str(ConcreteModuleA12("test"))
'module-1:test'
```

没有冲突。Python 使用一种称为 C3 线性规划或 MRO 的算法解决这个问题，该算法定义了一种确定的方法调用方式。

事实上，我们可以明确地要求类的解决顺序：

```
>>> [cls.__name__ for cls in ConcreteModuleA12.mro()]
['ConcreteModuleA12', 'BaseModule1', 'BaseModule2', 'BaseModule', 'object']
```

在设计类时，了解如何在层次结构中解析该方法可以为软件设计带来好处，因为我们可以使用 mixin 类。

2. mixin 类

mixin 是一个基类，它封装了一些以重用代码为目标的常见行为。通常，mixin 类本身并没有什么用处，而且单独扩展该类也不会起任何作用，因为它大部分时间依赖于在其他类中定义的方法和属性。其思想是通过多重继承将 mixin 类与其他类一起使用，这样就可以在 mixin 上使用其他类的方法或属性。

假设有一个简单的解析器，它接收一个字符串，并通过由连字符（-）分隔的值进行迭代：

```
class BaseTokenizer:

    def __init__(self, str_token):
        self.str_token = str_token

    def __iter__(self):
        yield from self.str_token.split("-")
```

这其实是很简单的：

```
>>> tk = BaseTokenizer("28a2320b-fd3f-4627-9792-a2b38e3c46b0")
>>> list(tk)
['28a2320b', 'fd3f', '4627', '9792', 'a2b38e3c46b0']
```

但现在我们希望以大写形式发送值，而不更改基类。对于这个简单的示例，我们可以创建一个新类，但是假设很多类已经从 BaseTokenizer 扩展而来，并且我们不想替换所有类。我们可以在层次结构中混合一个新类来处理这个转换：

```
class UpperIterableMixin:
    def __iter__(self):
        return map(str.upper, super().__iter__())

class Tokenizer(UpperIterableMixin, BaseTokenizer):
    pass
```

新的 Tokenizer 类非常简单。它不需要任何代码，因为它利用了 mixin 的优势。这种混合起到装饰的作用。如上所示，Tokenizer 将从 mixin 中获取__iter__方法，反过来，这个方法通过调用 super()委托给行的下一个类 BaseTokenizer，但是它将其值转换为大写，从而创建所需的效果。

3.6　函数和方法中的参数

在 Python 中，可以将函数定义为以几种不同的方式接收参数，而且方法的调用方还可以通过多种方式来提供这些参数。

还有一套行业范围的用于定义软件工程中接口的惯例，有些惯例是与函数中参数定义紧密相关的。

在本节中，我们先探讨 Python 函数中参数的机制，然后回顾与该主题的良好实践相关的软件工程的一般原理，最后将这两个概念关联起来。

3.6.1 Python 函数的参数是如何工作的

我们先探讨在 Python 中如何将参数传递给函数的相关细节，然后回顾与这些概念相关的良好软件工程实践的一般理论。

通过了解 Python 提供的处理参数的多种方式，我们能够更轻松地掌握通用规则，进而可以轻松地得出结论，即什么是好的模式或习惯用法。然后，我们可以确定在哪些情况下 Python 方法是正确的，以及在哪些情况下可能滥用了该语言的特性。

1. 如何将参数复制到函数中

Python 中的第一条规则是所有参数都由一个值传递——总是这样。这意味着，当把值传递给函数时，它们被分配给稍后将在其上使用的函数签名定义上的变量。你将注意到，函数更改参数可能依赖于类型参数——如果我们传递可变对象，而函数体修改了这一点，那么，这当然是有副作用的，当函数返回时，它们已经更改了。

通过如下示例，我们可以看到其中的区别：

```
>>> def function(argument):
...     argument += " in function"
...     print(argument)
...
>>> immutable = "hello"
>>> function(immutable)
hello in function
>>> mutable = list("hello")
>>> immutable
'hello'
>>> function(mutable)
['h', 'e', 'l', 'l', 'o', ' ', 'i', 'n', ' ', 'f', 'u', 'n', 'c', 't', 'i',
'o', 'n']
>>> mutable
['h', 'e', 'l', 'l', 'o', ' ', 'i', 'n', ' ', 'f', 'u', 'n', 'c', 't', 'i',
'o', 'n']
>>>
```

这看起来可能不一致，但事实并非如此。当我们传递第一个参数（一个字符串）时，它被分配给函数上的参数。由于 string 对象是不可变的，因此像"argument += <expression>"

这样的语句实际上会创建新对象"argument + <expression>",并将其赋值给参数。此时,argument 只是函数范围内的一个局部变量,与调用方中的原始变量无关。

此外,当我们传递 list 时,它是一个可变对象,那么这个语句就有了不同的含义(它实际上等价于在那个 list 上调用.extend())。该操作符的作用是对一个包含原始 list 对象引用的变量就地修改 list,从而修改它。

在处理这些类型的参数时,我们必须小心,因为它们可能导致意想不到的副作用。除非你绝对确定以这种方式操纵可变参数是正确的,否则应避免使用它,并寻找没有这些问题的替代方法。

不要改变函数参数。一般来说,应尽量避免函数中的副作用。

与许多其他编程语言一样,Python 中的参数可以通过位置传递,也可以通过关键字传递。这意味着我们可以明确地告诉函数我们想要为它的哪个参数设置哪个值。唯一需要注意的是,在通过关键字传递参数之后,后面的其他参数也必须以这种方式传递,否则会引发 SyntaxError 异常。

2. 参数的变量数

Python 和其他语言一样,具有内置的函数和结构,这些函数和结构可以接收可变数量的参数。考虑这样一种假设,遵循类似 C 语言中 printf 函数结构的字符串插值函数(无论是通过使用%运算符还是字符串的格式化方法),第一个位置放置字符串类型参数,紧随其后的是任意数量的参数,这些参数将被放置在标记了的格式化字符串中。

除了使用 Python 中提供的函数外,我们还可以自己创建函数,这两种函数的使用方式类似。在本节中,我们将介绍可变参数函数的基本原理,同时给出一些建议。在下一节中,我们将探讨当函数参数过多时如何利用这些特征来处理常见的问题和约束。

对于位置参数的可变数量,在包装这些参数的变量名之前,使用星号(*)。这是通过 Python 的打包机制实现的。

假设有一个函数有 3 个位置参数。在某段代码中,我们恰好可以很方便地将传递给函数的参数存储到一个列表中，列表的元素和函数的参数顺序一致。我们可以使用打包机制，通过一条指令的方式一起传递这些参数，而不是一个一个传递它们（就是说，将列表索引 0 中的元素传递给第一个参数，将列表索引 1 中的元素传递给第二个参数，并以此类推），一个一个传递参数的方式非常不符合 Python 的风格。

```
>>> def f(first, second, third):
...     print(first)
...     print(second)
...     print(third)
...
>>> l = [1, 2, 3]
>>> f(*l)
1
2
3
```

打包机制的好处是它也可以反过来工作。如果我们想将一个列表的值按其各自的位置提取到变量中，就可以这样分配它们：

```
>>> a, b, c = [1, 2, 3]
>>> a
1
>>> b
2
>>> c
3
```

部分解包也是可能的。假设我们只对序列的第一个值感兴趣（可以是列表、元组或其他东西），在某个点之后，我们只希望其余的值放在一起。我们可以分配所需要的变量，把其余的放在一个打包列表中。解包的顺序是不受限制的。如果在解包的部分没有任何内容可以放置，那么结果是一个空列表。我们鼓励你在 Python 终端上尝试一些示例，如下面的清单所示，并探索解包与生成器的关系：

```
>>> def show(e, rest):
...     print("Element: {0} - Rest: {1}".format(e, rest))
...
>>> first, *rest = [1, 2, 3, 4, 5]
>>> show(first, rest)
Element: 1 - Rest: [2, 3, 4, 5]
>>> *rest, last = range(6)
```

```
>>> show(last, rest)
Element: 5 - Rest: [0, 1, 2, 3, 4]
>>> first, *middle, last = range(6)
>>> first
0
>>> middle
[1, 2, 3, 4]
>>> last
5
>>> first, last, *empty = (1, 2)
>>> first
1
>>> last
2
>>> empty
[]
```

在迭代中可以找到解包变量的最佳用途之一。当我们必须遍历一组元素，而每个元素又依次是一个序列时，最好是在遍历每个元素的同时解包。为了实际查看这样的示例，我们将假设有一个函数用来接收数据库行的列表，并负责从该数据创建用户。第一个要实现的是，从行中每一列的位置获取要构造用户的值，这根本不是习惯用法。第二个要实现的是，在迭代时进行解包：

```
USERS = [(i, f"first_name_{i}", "last_name_{i}") for i in range(1_000)]

class User:
    def __init__(self, user_id, first_name, last_name):
        self.user_id = user_id
        self.first_name = first_name
        self.last_name = last_name


def bad_users_from_rows(dbrows) -> list:
    """A bad case (non-pythonic) of creating ``User``s from DB rows."""
    return [User(row[0], row[1], row[2]) for row in dbrows]


def users_from_rows(dbrows) -> list:
    """Create ``User``s from DB rows."""
    return [
        User(user_id, first_name, last_name)
        for (user_id, first_name, last_name) in dbrows
    ]
```

可以注意到，第二个版本更容易阅读。在第一个版本的函数（bad_users_from_rows）中，有以 row[0]、row[1]和 row[2]的形式表示的数据，这些数据并没有说明它们是什么。换句话说，像 user_id、first_name 和 last_name 这样的变量代表了它们自己。

在设计函数时，我们可以利用这种功能。

我们在标准库中可以找到的一个示例是 max 函数，它的定义如下：

```
max(...)
    max(iterable, *[, default=obj, key=func]) -> value
    max(arg1, arg2, *args, *[, key=func]) -> value
    With a single iterable argument, return its biggest item. The
    default keyword-only argument specifies an object to return if
    the provided iterable is empty.
    With two or more arguments, return the largest argument.
```

其中有一个类似的表示法，关键字参数用两个星号（**）表示。如果有一个字典，我们用两个星号把它传递给一个函数，那么该函数会选择键作为参数的名称，然后把键的值作为函数中那个参数的值进行传递。

例如，下面这行代码：

```
function(**{"key": "value"})
```

等同于：

```
function(key="value")
```

相反，如果我们定义一个参数以两个星号开头的函数，则将发生相反的情况——关键字提供的参数将被打包到字典中：

```
>>> def function(**kwargs):
...     print(kwargs)
...
>>> function(key="value")
{'key': 'value'}
```

3.6.2　函数中参数的数量

我们认为，如果函数或方法中的参数太多，就意味着代码设计很糟糕（"代码异味"）。鉴于此，我们将给出这个问题的解决方案。

一种解决方案是软件设计的一个更通用的原则——具体化（为传递的所有参数创建一个新对象，这可能是我们缺少的抽象）。将多个参数压缩到一个新对象中并不是 Python 特有的解决方案，而是可以应用到任何编程语言中。

另一种解决方案是使用我们在上一节中看到的特定于 Python 的特性，利用变量位置参数和关键字参数创建具有动态签名的函数。虽然这可能是一种 Python 式的处理方式，但我们必须小心，不要滥用该特性，因为可能创建了一些太过于动态的东西，以至于难以维护。在这种情况下，我们应该看一下函数的主体。不管签名或者参数是否似乎是正确的，如果函数使用参数的值做了太多不同的事情，那么这是一个信号——它必须被分解成多个更小的函数。（记住，函数应该做一件事，而且仅做一件事！）

1. 函数参数和耦合

函数签名的参数越多，这个参数就越有可能与调用方函数紧密耦合。

假设有两个函数 f1 和 f2，函数 f2 有 5 个参数。f2 接收的参数越多，对于任何试图调用该函数的人来说，收集所有信息并将其传递下去以便使其正常工作的难度就越大。

现在，f1 似乎有所有这些信息，因为这些信息能正确调用 f1，由此我们可以得出两个结论。首先，f2 可能是一个有漏洞的抽象概念，这意味着，当 f1 知道 f2 所需的所有东西时，它几乎可以知道自己在做什么，并且能够自行完成。总而言之，f2 抽象得没那么多。其次，f2 看起来只对 f1 有用，很难想象在不同的上下文中使用这个函数，这使得重用变得更加困难。

当函数具有更通用的接口并且能够处理更高级别的抽象时，它们就变得更加可重用。

这适用于所有类型的函数和对象方法，包括类的 __init__ 方法。这种方法的出现通常（但并不总是）意味着应该传递一个新的更高层级的抽象，或者存在一个缺失的对象。

　如果一个函数需要太多的参数才能正常工作，就可以将其看作"代码异味"。

事实上，这是一个设计问题——静态分析工具，如 Pylint（见第 1 章），在遇到这种情况时，默认会发出警告。如果发生这种情况，不要抑制警告，而应该重构它。

2. 使用太多参数的简洁函数签名

假设我们找到一个需要太多参数的函数,并且知道不能就这样把它放置在代码库中,必须重构它。但是,用什么方法呢?

根据具体情况,我们可以应用以下一些规则。这些规则虽然不是广泛适用的,但可以为我们解决那些常见问题提供思路。

有时,如果看到大多数参数属于一个公共对象,就可以用一种简单的方法更改参数。例如,考虑这样一个函数调用:

```
track_request(request.headers, request.ip_addr, request.request_id)
```

现在,函数可能接收或不接收其他参数,但这里有一点非常明显:所有参数都依赖于 request,那么为什么不直接传递 request 对象呢?这是一个简单的更改,但是它显著地改进了代码。正确的函数调用应该是 track_request(request)方法。进一步来说,从语义上讲,调用 track_request(request)方法也更有意义。

虽然鼓励传递这样的参数,但是在所有将可变对象传递给函数的情况下,我们必须非常小心副作用。我们调用的函数不应该对传递的对象做任何修改,因为这会使对象发生变化,产生不希望出现的副作用。除非这实际上是想要的效果(在这种情况下,必须明确说明),否则不鼓励这种行为。即使当我们实际上想要更改正在处理的对象上的某些内容时,更好的替代方法是复制它并返回(新的)修改后的版本。

处理不可变对象,并尽可能避免副作用。

这给我们带来了一个类似的主题:分组参数。在前面的示例中,我们已经对参数进行了分组,但是没有使用组(在本示例中是请求对象)。但是其他情况没有这种情况那么明显,我们可能希望将参数中的所有数据分组到能充当容器的单个对象中。不用说,这种分组必须有意义。这里的想法是具体化:创建设计中缺少的抽象。

如果前面的策略不起作用,作为最后的手段,我们可以更改函数的签名,以接收可变数量的参数。如果参数的数量太多,使用*args 或**kwargs 会使事情更加难以理解,所以我们必须确保接口被正确地记录和使用,但在某些情况下,这是值得做的。

的确，用 *args 和 **kwargs 定义的函数非常灵活且适应性强，但缺点是失去了它的签名，以及它的部分含义和几乎所有易读性。我们已经看到了变量名（包括函数参数）如何使代码更容易阅读的示例。如果一个函数将获取任意数量的参数（位置或关键字），当我们想要看看这个函数在未来可以做什么时，我们可能无法通过这些参数了解到这一点，除非有一个非常好的文档说明。

3.7　关于软件设计良好实践的结束语

好的软件设计涉及遵循软件工程的良好实践和利用该语言的大部分特性的组合使用。使用 Python 提供的所有功能具有很大的价值，但是也存在滥用这些功能并试图将复杂的功能融入简单设计的风险。

除了这个一般原则，最好再加上一些最后的建议。

3.7.1　软件的正交性

正交性这个词是通用的，可以有多种意思或解释。在数学中，正交意味着两个元素是独立的。如果两个向量正交，那么它们的向量积为零。这也意味着它们根本没有关系，即其中一个的变化不会影响另一个。这也是我们思考软件设计的方式。

更改模块、类或函数应该不会对正在修改的组件的外部环境产生影响。这当然是非常令人向往的，但并不总是可能的。但即使在不可能的情况下，好的设计也会尽可能地减少对外界的影响。我们在前文中看到了诸如关注点分离、内聚和组件隔离等思想。

就软件的运行时结构而言，正交性可以解释为使更改（或副作用）本地化的事实。这就好比调用一个对象上的方法不应该改变其他（不相关的）对象的内部状态。在本书中，我们已经（并将继续）强调最小化代码中副作用的重要性。

在 mixin 类的示例中，我们创建了一个返回可迭代的 tokenizer 对象。事实上，__iter__方法返回一个新生成器，这个生成器增加了所有 3 个类（基类、混合类和具体类）正交的可能性。如果这个方法已经返回了一些具体的东西（假设返回了一个列表），这将在其余类上创建一个依赖，因为一旦改变了列表的一些数据，我们可能需要更新代码的其他部分，这说明这些类没有像它们应该做到的那样独立。

让我们来看一个简单的示例。Python 允许通过参数传递函数，因为它们只是常规对象。我们可以通过这个特性实现某种正交性。假设有一个计算价格的函数，其中还包括税收和折扣两个函数，但后来我们想格式化最终得到的价格：

```
def calculate_price(base_price: float, tax: float, discount: float) ->
    return (base_price * (1 + tax)) * (1 - discount)

def show_price(price: float) -> str:
    return "$ {0:,.2f}".format(price)

def str_final_price(
    base_price: float, tax: float, discount: float, fmt_function=str
) -> str:
    return fmt_function(calculate_price(base_price, tax, discount))
```

注意，顶层函数由两个正交函数组成。需要注意的是如何计算价格，也就是如何表示另一个的方法。改变一个函数并不会影响到另一个函数。如果我们不传递任何特定的东西，它将使用字符串转换作为默认的表示函数；如果我们选择传递自定义函数，结果字符串将被更改。但是，show_price 函数中的更改不会影响到 calculate_price 函数。我们可以对其中一个函数进行更改，因为我们知道另一个函数将保持原样：

```
>>> str_final_price(10, 0.2, 0.5)
'6.0'

>>> str_final_price(1000, 0.2, 0)
'1200.0'

>>> str_final_price(1000, 0.2, 0.1, fmt_function=show_price)
'$ 1,080.00'
```

有一个非常有趣的关于代码质量方面的内容是和正交性有关的。如果代码的两个部分是正交的，这意味着可以改变其中一部分代码不会影响另一部分代码。这意味着更改的部分具有与应用程序其余部分的单元测试正交的单元测试。在这个假设下，如果这些测试通过，我们可以假设（在一定程度上）这一部分的应用程序是正确的，而不需要完全的回归测试。

更广泛地说，正交性可以从特性的角度来考虑。应用程序的两个功能可以完全独立，这样就可以单独测试和发布它们，而不必担心其中一个功能会破坏另一个功能（或者代

码的其他部分）。假设项目需要一个新的身份验证机制（为了方便示例，我们假设是
oauth2），同时另一个团队也在编写一个新的报表。除非系统中存在根本错误，否则这两
个特性都不应该相互影响。无论哪一个首先合并，另一个都不应该受到任何影响。

3.7.2　构建代码

代码的组织方式也会影响软件的性能和可维护性。

尤其是，拥有包含大量定义（类、函数、常量等）的大型文件是一种糟糕的实践，
应该予以避免。这并不意味着在每个文件中放置一个定义，但是好的代码库将根据相似
性组织和排列组件。

幸运的是，大多数情况下，在 Python 中将大文件更改为小文件并不困难。即使代码
的多个其他部分依赖于对该文件的定义，也可以将其分解为一个包，并保持完全的兼容
性。我们的想法是创建一个新目录，其中包含一个__init__.py 文件（这将使它成为一个
Python 包）。在这个文件旁边，将有多个文件，每个文件都需要所有特定的定义（根据
特定标准，分组的函数和类会更少）。然后，__init__ .py 文件将从它以前拥有的所有其
他文件中导入定义（这保证了它的兼容性）。此外，可以在模块的__all__变量中提到这些
定义，以使它们可导出。

这样做有很多好处。除了每个文件都更容易导航，东西也更容易找到，我们可以
说它会更有效率，原因如下：

（1）当模块导入时，它包含更少的对象来解析和加载到内存中；

（2）模块本身可能会导入更少的模块，因为就像以前一样，它需要更少的依赖。

为项目制订一个约定（规则）也很有帮助。例如，我们可以在项目中创建一个特定
的文件来存放要使用的常量，并从这个文件中导入常量数据，而不是把常量放在所有文
件中：

```
from mypoject.constants import CONNECTION_TIMEOUT
```

像这样集中信息可以更容易地重用代码，并有助于避免无意的重复。

有关分离模块和创建 Python 包的更多细节参见第 10 章，我们将在探讨软件架构的
上下文时提到这些内容。

3.8 小结

本章探讨了实现整洁设计的几个原则。理解代码是设计的一部分，是实现高质量软件的关键，这也是本章和第 4 章的重点。

有了这些想法，我们可以构建更具鲁棒性的代码。例如，通过应用 DbC 原则，我们可以创建确保在其约束下工作的组件。更重要的是，即便代码发生错误，也不会是出人意料的，相反，我们将清楚地知道问题所在，以及代码的哪一部分违反了契约。这种区分的优势对于有效的调试来说是显而易见的。

同样，如果每个组件都能保护自己不受恶意意图或不正确输入的影响，就可以变得更具鲁棒性。虽然这个想法与契约式设计有所不同，但可以很好地补充后者。防错性程序设计是一个好主意，特别是对于应用程序的关键部分。

对于这两种方法（契约式设计和防错性程序设计），正确处理断言都很重要。请记住应该如何在 Python 中使用它们，不要将断言用作程序控制流逻辑的一部分，也不要捕捉这个异常。

说到异常，重要的是知道如何以及何时使用它们，这里最重要的理念是避免用异常作为控制流（go-to）类型的构造。

我们在面向对象的设计中探讨了一个反复出现的主题：是使用继承，还是使用组合。这里做的主要功课不是使用其中一个，而是使用哪个更好；我们还应该避免一些常见的反模式设计，这在 Python 中很常见（尤其是考虑到它的高度动态特性）。

最后，我们讨论了函数中参数的数量，以及整洁的启发式设计，请始终牢记 Python 的特殊性。

这些概念是基本的设计思想，为第 4 章的内容奠定了基础。我们需要先理解这些概念，这样才能进入更高级的主题，例如 SOLID 设计原则。

第4章
SOLID 原则

本章继续探索应用于 Python 的整洁设计的概念，着重介绍所谓的 SOLID 原则，以及如何以 Python 的方式实现它们。这些原则包含一系列可用于实现更高质量软件的良好实践。SOLID 所代表的含义如下。

（1）S：Single Responsibility Principle，即单一职责原则。

（2）O：Open/Closed Principle，即打开/关闭原则。

（3）L：Liskov's Substitution Principle，即里氏替换原则。

（4）I：Interface Segregation Principle，即接口隔离原则。

（5）D：Dependency Inversion Principle，即依赖倒置原则。

通过学习本章的内容，你应能熟悉软件设计的 SOLID 基本原则；设计遵循单一职责原则的软件组件；通过打开/关闭原则实现更易于维护的代码；通过遵循里氏替换原则，在面向对象设计中实现适当的类层次结构；使用接口隔离和依赖倒置原则进行代码设计。

4.1 单一职责原则

单一职责原则（SRP）规定软件组件（通常是类）必须只有一个职责。类有唯一的职责这一事实意味着它只负责做一件具体的事情，因此，我们可以得出结论，要改变它，也必须只有一个原因。

只有当领域问题上的一件事发生变化时，类才必须更新。如果我们出于不同的原因必须对类进行修改，这就意味着抽象是不正确的，并且类有太多的职责。

正如在第 2 章中介绍的，这个设计原则有助于构建更具内聚性的抽象；对象做一件事，并且只做一件事，遵循 UNIX 哲学。在任何情况下，我们都希望避免拥有具有多重职责的对象（通常称为 god-objects，即上帝视角的对象，因为它们知道得太多，已经超出了应该知道的范围）。这些对象将不同的（大部分是不相关的）行为分组，从而使它们更难维护。

再强调一遍，类越小越好。

SRP 与软件设计中的内聚性思想密切相关，这是我们在第 3 章讨论软件中关注点分离时探讨过的。我们在这里力求实现的类的设计方式为：在大部分情况下，类的大多数属性和特性都能够被它的方法使用。一旦得以实现，我们就能知道它们是相关的概念，因此在相同的抽象下对它们分组是有意义的。

在某种程度上，上述思路有点类似于关系数据库设计中的范式的概念。当我们检测到对象的接口特性或方法上有分区时，它们也可能被移动到其他地方——这表明它们是由两个或多个不同的抽象混合在一起的。

还可以用另一种方式来看待这个原则。如果在查看一个类时，我们发现其中的方法是相互排斥且互不相关的，那么它们就必须要分解为更小的不同职责的类。

4.1.1　一个有太多职责的类

在本示例中，我们将为一个应用程序创建案例，该应用程序负责从源（可以是日志文件、数据库或更多的源）读取关于事件的信息，并标识与每个特定日志对应的操作。

不符合 SRP 的设计如下。

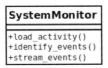

在不考虑实现的情况下，该类的代码可能如下所示：

```
# srp_1.py
class SystemMonitor:
    def load_activity(self):
        """Get the events from a source, to be processed."""

    def identify_events(self):
        """Parse the source raw data into events (domain objects)."""

    def stream_events(self):
        """Send the parsed events to an external agent."""
```

该类的问题在于，它定义了一个接口，其中包含一组方法，这些方法对应于正交的操作：每个方法都可以独立于其他方法完成。

这种设计缺陷使类变得僵硬、不灵活，并且容易出错，因为它很难维护。在本示例中，每个方法都表示类的一个职责。每个职责都包含一个类可能需要修改的原因。其中，每个方法都表示必须修改该类的一个原因。

我们来看 load_activity()方法，它从特定的源检索信息。无论这是如何完成的（我们可以在这里抽象实现细节），它显然会有自己的步骤，例如连接到数据源、加载数据、将数据解析为预期的格式，等等。如果其中任何一个更改（例如，我们希望更改用于保存数据的数据结构），就需要更改 SystemMonitor 类。不妨问问你自己这是否有意义。只是因为我们更改了数据的表示形式，系统监视器对象就必须更改吗？不，并不需要这样做。

同样的推理也适用于其他两种方法。如果我们更改指纹事件的方式，或者将它们交付给另一个数据源的方式，我们最终将对同一个类进行更改。

现在应该很清楚，这个类相当脆弱，并且不太容易维护。有很多不同的原因会影响这个类的变化，而我们希望外部因素尽可能少地影响代码。同样，解决方案是创建更小且更具内聚性的抽象。

4.1.2　分配责任

为了使解决方案更易于维护，我们将每个方法分离到不同的类中。通过这种方式，每个类都将有单一的职责。

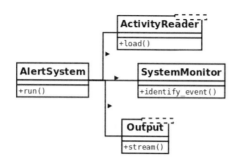

通过使用一个将与这些新类的实例交互的对象（使用这些对象作为协作者）来实现相同的行为，但是思路仍然是每个类封装一组特定的方法——这些方法独立于其他方法。现在的想法是，对这些类中的任何一个进行更改都不会影响到其他类，并且所有这些类都具有明确和特定的含义。如果我们需要改变从数据源加载事件的方法，报警系统甚至没有意识到这些变化，那么我们不需要在系统监视器（只要契约仍然保留）修改任何东西，并且数据目标还未被修改。

更改现在是局部的，影响很小，而且每个类都更容易维护。

新类定义的接口不但更易于维护，而且可重用性更强。想象一下，现在在应用程序的另一部分中，我们还需要从日志中读取活动，但目的不同。使用这种设计，我们可以简单地使用 ActivityReader 类型的对象（它实际上是一个接口，但是在本节中，这个细节并不相关，所以将在下一个原则中进行解释）。这是有意义的，但是在以前的设计中没有意义，因为尝试重用我们定义的唯一类，可能还会带有一些根本不需要的额外方法（如 identify_events()或 stream_events()）。

需要着重澄清的一点是，该原则并不意味着每个类都必须有一个单独的方法。任何新类都可能有额外的方法，只要它们对应于该类负责处理的逻辑相同即可。

4.2 打开/关闭原则

打开/关闭原则（OCP）规定模块应该同时是打开和关闭的（但是涉及不同的方面）。

例如，在设计一个类时，我们应该仔细封装逻辑，使其具有良好的可维护性，这意味着我们希望它对扩展开放，但对修改关闭。

简单来说，我们当然希望代码是可扩展的，可以适应新的需求或领域问题中的更改。但当领域问题上出现新内容时，我们只想将新内容添加到模型中，而不是更改任何不允许修改的现有内容。

如果出于某种原因，在必须添加新内容时我们不得不修改代码，那么该逻辑可能设计得很糟糕。理想情况下，当需求发生变化时，我们只想使用新的需求行为来扩展模块以符合新的需求，而不需要修改代码。

这个原则适用于若干个软件抽象。它可以是一个类，甚至可以是一个模块。4.2.1 节和 4.2.2 节中，我们将分别看到它们的示例。

4.2.1　不遵循打开/关闭原则的可维护性风险的示例

让我们从一个不遵循打开/关闭设计原则的系统示例开始，来了解它所带来的可维护性问题，以及这种设计的不灵活性。

假设有一个系统的一部分负责识别在另一个系统（这个系统正在被监控）中发生的事件。在每一点上，我们都希望该组件根据之前收集的数据的值正确地标识事件的类型（为了简单起见，我们假设它被打包到一个字典中，并且在此之前通过日志、查询等方法检索）。我们有一个基于此数据的类，用于检索事件，这是另一种具有自己层次结构的类型。

为了解决这个问题，我们所做的第一次尝试可能是这样的：

```python
# openclosed_1.py
class Event:
    def __init__(self, raw_data):
        self.raw_data = raw_data

class UnknownEvent(Event):
    """A type of event that cannot be identified from its data."""

class LoginEvent(Event):
    """A event representing a user that has just entered the system."""

class LogoutEvent(Event):
    """An event representing a user that has just left the system."""

class SystemMonitor:
    """Identify events that occurred in the system."""
```

```python
    def __init__(self, event_data):
        self.event_data = event_data

    def identify_event(self):
        if (
            self.event_data["before"]["session"] == 0
            and self.event_data["after"]["session"] == 1
        ):
            return LoginEvent(self.event_data)
        elif (
            self.event_data["before"]["session"] == 1
            and self.event_data["after"]["session"] == 0
        ):
            return LogoutEvent(self.event_data)

        return UnknownEvent(self.event_data)
```

以下是上述代码的预期行为:

```python
>>> l1 = SystemMonitor({"before": {"session": 0}, "after": {"session": 1}})
>>> l1.identify_event().__class__.__name__
'LoginEvent'

>>> l2 = SystemMonitor({"before": {"session": 1}, "after": {"session": 0}})
>>> l2.identify_event().__class__.__name__
'LogoutEvent'

>>> l3 = SystemMonitor({"before": {"session": 1}, "after": {"session": 1}})
>>> l3.identify_event().__class__.__name__
'UnknownEvent'
```

我们可以清楚地看到事件类型的层次结构, 以及构建它们的一些业务逻辑。例如, 以前没有会话标志, 但现在有了, 我们将该记录标识为登录事件; 相应地, 如果发生相反的情况, 则表示这是注销事件; 如果无法识别事件, 则返回未知类型的事件。这是通过遵循空对象模式来保存多态性(它不是返回 None, 而是检索具有一些默认逻辑的对应类型的对象)。空对象模式的相关内容参见第 9 章。

这个设计有一些问题。第一个问题是, 确定事件类型的逻辑集中在一个整体方法中。随着所要支持的事件数量的增加, 这个方法也会增加, 而且它可能会成为一个非常长的方法。正如我们已经讨论过的那样, 这是不好的, 因为它不会只做一件事并做好这件事。

与此同时，我们可以看到这个方法并没有因为修改而关闭。每当我们想要向系统中添加一种新的事件类型时，我们都必须在这个方法中更改一些内容。（更不用说，elif 语句链读起来将是一场噩梦！）

我们希望能够添加新的事件类型，而不需要对此方法进行更改（关闭以进行修改）。我们还希望能够支持新类型的事件（打开以进行扩展），以便在添加新事件时，只需要添加代码，而不需要更改已经存在的代码。

4.2.2　重构事件系统以获得可扩展性

前一个示例的问题是，SystemMonitor 类直接与它要检索的具体类交互。

为了实现一个遵循打开/关闭原则的设计，我们必须面向抽象进行设计。

另一种可能的备选方案是将这个类看作与事件协作的类，然后将每个特定类型事件的逻辑委托给它对应的类：

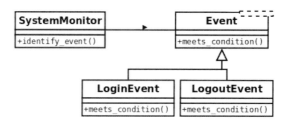

然后，我们必须为每种类型的事件添加一个新的（多态的）方法——该方法的唯一职责是确定它是否与传递的数据相对应，还必须更改逻辑以遍历所有事件，从而找到正确的事件。

新的代码如下所示：

```python
# openclosed_2.py
class Event:
    def __init__(self, raw_data):
        self.raw_data = raw_data

    @staticmethod
    def meets_condition(event_data: dict):
        return False
```

```
class UnknownEvent(Event):
    """A type of event that cannot be identified from its data"""

class LoginEvent(Event):
    @staticmethod
    def meets_condition(event_data: dict):
        return (
            event_data["before"]["session"] == 0
            and event_data["after"]["session"] == 1
        )

class LogoutEvent(Event):
    @staticmethod
    def meets_condition(event_data: dict):
        return (
            event_data["before"]["session"] == 1
            and event_data["after"]["session"] == 0
        )

class SystemMonitor:
    """Identify events that occurred in the system."""

    def __init__(self, event_data):
        self.event_data = event_data

    def identify_event(self):
        for event_cls in Event.__subclasses__():
            try:
                if event_cls.meets_condition(self.event_data):
                    return event_cls(self.event_data)
            except KeyError:
                continue
        return UnknownEvent(self.event_data)
```

注意交互现在是如何面向抽象的（在本示例中，它将是通用基类事件，甚至可能是抽象基类或接口，但对于本示例来说，有一个具体的基类就足够了）。该方法不再处理特定类型的事件，而是只处理遵循公共接口的通用事件——它们都是 meets_condition 方法的多态。

注意如何通过__subclasses__()方法发现事件。支持新类型的事件现在只需为该事件创建一个新类——该类必须从事件中继承，并根据其特定的业务逻辑实现自己的

meets_condition()方法。

4.2.3　扩展事件系统

现在，让我们来证明这个设计实际上是可扩展的，正如我们所希望的那样。假设出现了一个新的需求，并且我们还必须支持与用户在监视的系统上执行的事务相对应的事件。

设计的类必须包含这样一个新的事件类型，如下图所示。

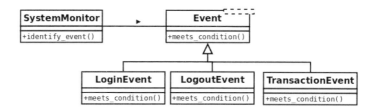

只有将如下代码添加到这个新类中，才能使逻辑按预期工作：

```
# openclosed_3.py
class Event:
    def __init__(self, raw_data):
        self.raw_data = raw_data

    @staticmethod
    def meets_condition(event_data: dict):
        return False

class UnknownEvent(Event):
    """A type of event that cannot be identified from its data"""

class LoginEvent(Event):
    @staticmethod
    def meets_condition(event_data: dict):
        return (
            event_data["before"]["session"] == 0
            and event_data["after"]["session"] == 1
        )

class LogoutEvent(Event):
    @staticmethod
    def meets_condition(event_data: dict):
        return (
```

```
                event_data["before"]["session"] == 1
                and event_data["after"]["session"] == 0
        )


class TransactionEvent(Event):
    """Represents a transaction that has just occurred on the system."""

    @staticmethod
    def meets_condition(event_data: dict):
        return event_data["after"].get("transaction") is not None


class SystemMonitor:
    """Identify events that occurred in the system."""

    def __init__(self, event_data):
        self.event_data = event_data

    def identify_event(self):
        for event_cls in Event.__subclasses__():
            try:
                if event_cls.meets_condition(self.event_data):
                    return event_cls(self.event_data)
            except KeyError:
                continue
        return UnknownEvent(self.event_data)
```

可以验证前面的案例和之前一样工作，并且新事件也被正确识别：

```
>>> l1 = SystemMonitor({"before": {"session": 0}, "after": {"session": 1}})
>>> l1.identify_event().__class__.__name__
'LoginEvent'

>>> l2 = SystemMonitor({"before": {"session": 1}, "after": {"session": 0}})
>>> l2.identify_event().__class__.__name__
'LogoutEvent'

>>> l3 = SystemMonitor({"before": {"session": 1}, "after": {"session": 1}})
>>> l3.identify_event().__class__.__name__
'UnknownEvent'

>>> l4 = SystemMonitor({"after": {"transaction": "Tx001"}})
>>> l4.identify_event().__class__.__name__
'TransactionEvent'
```

注意，添加新的事件类型时，SystemMonitor.identify_event()方法根本没有改变。因此，我们说这个方法对于新类型的事件而言是关闭的。

相反，Event 类允许我们在需要的时候添加新类型的事件。因此，我们说事件对于新类型的扩展是打开的。

这就是打开/关闭原则的本质——当领域问题上出现新内容时，我们只想添加新代码，而不是修改现有代码。

4.2.4　关于 OCP 的结束语

你可能注意到了，这个原则与有效使用多态性密切相关。我们希望趋向于客户端可以使用的遵循多态契约的抽象设计，以及足够通用的结构。只要保留多态关系，就可以扩展模型。

这一原则解决了软件工程中的一个重要问题：可维护性。不遵循 OCP 设计原则导致的风险是一连串的连锁反应和软件中的一些问题，如一个小的更改导致整个代码库的更改，或者有破坏代码其他部分的风险。

最后要注意的一点是，为了实现这种不更改代码就可扩展行为的设计，我们需要能够针对所要保护的抽象创建适当的闭包（在本示例中，是新类型的事件）。这在所有程序中并不总是可能的，因为一些抽象可能会发生冲突（例如，可能有一个适当的抽象，它针对需求提供闭包，但是不适用于其他类型的需求）。在这些情况下，我们需要有选择性地应用一种策略，为需要最具可扩展性的需求类型提供最佳的闭包。

4.3　里氏替换原则

里氏替换原则（LSP）指出，对象类型必须有一系列属性，才能保证其设计的可靠性。

LSP 背后的主要思想是，对于任何类，客户端都应该能够无差别地使用它的任何子类型（甚至不需要特殊注意），并且不会影响运行时的预期行为。这意味着客户端是完全独立的，并且不知道类层次结构中的更改。

更正式地说，LSP 的原始定义（LISKOV 01）为：如果 S 是 T 的子类型，那么 T 类型的对象可以被 S 类型的对象替换，而不会破坏程序。

这可以通过一个通用图来解释，如下图所示。假设有一些客户端类需要（包含）另一种类型的对象。一般来说，我们希望这个客户端与某种类型的对象交互，也就是说，它将通过接口工作。

现在，这个类型可能只是一个通用接口定义、一个抽象类或者一个接口，而不是一个具有行为本身的类。可能有几个子类扩展这种类型（图中描述的名称是：亚型 N）。这一原则背后的逻辑是，如果层次结构是正确实现的，客户端类必须能够处理任何子类的实例，甚至是在没有任何提示的情况下。这些对象应该是可互换的。

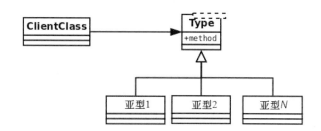

这与我们讨论过的其他设计原则有关，例如接口设计。一个好的类必须定义一个清晰并简洁的接口，只要子类遵守这个接口，程序就会保持正确。

因此，这一原则也涉及契约式设计背后的理念。给定类型和客户端之间有一个契约。通过遵循 LSP 的原则，设计将确保子类遵守父类定义的契约。

4.3.1 使用工具检测 LSP 问题

有一些关于遵循 LSP 原则的众所周知的错误场景，可以通过我们在第 1 章中学习过的配置工具（主要是 Mypy 和 Pylint）很容易地识别它们。

1. 使用 Mypy 检测方法签名中的错误数据类型

通过在整个代码中使用类型注释（如前面第 1 章中建议的那样）并配置 Mypy，我们可以在早期快速地发现一些基本错误，并免费检查 LSP 的基本遵从性。

如果 Event 类的一个子类以不兼容的方式覆盖一个方法，Mypy 会通过检查注释来注意到这一点：

```
class Event:
    ...
```

```
    def meets_condition(self, event_data: dict) -> bool:
        return False

class LoginEvent(Event):
    def meets_condition(self, event_data: list) -> bool:
        return bool(event_data)
```

如果在这个文件上运行 Mypy，那么会收到如下所示的一条错误提示消息：

error: Argument 1 of "meets_condition" incompatible with supertype "Event"

违反 LSP 原则的后果是显而易见的，因为派生类为 event_data 参数使用的类型与基类中定义的类型不同，所以我们不能期望它们能同等工作。记住，根据这个原则，这个层次结构的任何调用方都必须能够透明地调用 Event 或 LoginEvent 类，而不会注意到任何区别。交换这两种类型的对象不会使应用程序失败。如果不这样做，就会破坏层次结构上的多态性。

如果将返回类型更改为布尔值以外的值，则会发生相同的错误。其基本原理是，此代码的客户端期望使用一个布尔值进行工作。如果其中一个派生类更改了这个返回类型，那么它将破坏契约。因此，我们不能期望程序继续正常工作。

关于不相同但共享公共接口的类型的简短说明：尽管这只是一个演示错误的简单示例，但实际上字典和列表仍然有一些共同点——它们都是可迭代的。这意味着，在某些情况下，只要这两种方法都通过可迭代接口请求参数，那么一种方法期望字典作为入参，而另一种方法期望列表作为入参的行为可能是有效的。在这种情况下，问题不在于逻辑本身（LSP 可能仍然适用），而在于签名类型的定义，即签名类型既不应该读取列表 list，也不应该读取字典 dict，而应该是两者的结合。无论在哪种情况下，都必须修改一些东西，不管是方法的代码、整个设计，还是类型注释，但是在任何情况下，我们都不应该关闭警告并忽略 Mypy 给出的错误。

 不要忽略类似于# type: ignore 或者相同类型的错误。请重构或更改代码以解决实际问题。这些工具报告一个实际的设计缺陷是有正当理由的。

2．使用 Pylint 检测不兼容的签名

另一个严重违反 LSP 的地方是，方法的签名完全不同，而不是改变层次结构中

参数的类型。这似乎是一个相当大的错误，但我们并不总是那么容易记住去检测它。由于 Python 是解释型的语言，因此在早期并没有编译器来检测这些类型的错误，从而导致直到运行时这些错误才能被检测到。幸运的是，我们使用像 Mypy 和 Pylint 这样的静态代码分析器，从而在早期捕获这些错误。

虽然 Mypy 可以捕捉到这些类型的错误，但是我们也可以运行 Pylint 来获得更多的信息。

存在这样一个类，它破坏了层次结构定义的兼容性（例如通过改变方法的签名、添加额外的参数等），如下所示：

```python
# lsp_1.py
class LogoutEvent(Event):
    def meets_condition(self, event_data: dict, override: bool) -> bool:
        if override:
            return True
        ...
```

Pylint 将检测它，同时打印一个信息提示错误：

Parameters differ from overridden 'meets_condition' method (argumentsdiffer)

同样，与前面的例子一样，请勿隐藏这些错误，而注意工具给出的警告和错误，并相应地调整代码。

4.3.2　更微妙的 LSP 违规案例

在其他情况下，LSP 被破坏的方式并不十分清楚或明显，工具无法自动识别，因此在评审代码时，我们必须依赖于精细的代码检查。

契约被修改的情况尤其难以自动检测。既然 LSP 的整个思想是，客户端可以像使用父类一样使用子类，那么在层次结构上客户端也必须确定保存的契约一定是正确的。

我们在第 3 章提到，在设计契约时，客户端和供应者之间的契约设置了一些规则——客户端必须提供方法的前置条件，当然供应商可能会验证这些前置条件，并向客户端返回一些结果，客户端将检查后置条件的形式。

父类定义了与其客户端的契约。这个类的子类必须遵守这样的契约。这意味着，例如：

（1）子类永远不能使用比在父类上定义的条件更严格的前置条件；

（2）子类永远不能使用比在父类上定义的条件更宽松的后置条件。

考虑上一节定义的事件层次结构的例子，现在进行了一个更改，用以说明 LSP 和 DbC 之间的关系。

这一次，我们将假设方法的前置条件，该方法根据数据检查标准，所提供的参数必须是一个字典，其中包含键 "before" 和 "after"，并且它们的值也是嵌套字典。这允许我们进一步封装，因为现在客户端不需要捕获 KeyError 异常，而是只需要调用预处理方法（假设如果系统在错误的假设下运行，可以接受失败）。作为附注，我们可以从客户端删除它，这很好，就像现在一样，SystemMonitor 不需要知道协作者类的方法可能引发哪些类型的异常（记住，异常削弱了封装，因为它们要求调用方知道一些它们调用对象的额外信息）。

这样的设计可以通过代码中的以下更改来表示：

```
# lsp_2.py

class Event:
    def __init__(self, raw_data):
        self.raw_data = raw_data

    @staticmethod
    def meets_condition(event_data: dict):
        return False

    @staticmethod
    def meets_condition_pre(event_data: dict):
        """Precondition of the contract of this interface.

        Validate that the "event_data" parameter is properly formed.
        """
        assert isinstance(event_data, dict), f"{event_data!r} is not a dict"
        for moment in ("before", "after"):
            assert moment in event_data, f"{moment} not in {event_data}"
            assert isinstance(event_data[moment], dict)
```

现在尝试检测正确事件类型的代码，只检查一次前置条件，然后继续查找正确的事件类型：

```
# lsp_2.py
class SystemMonitor:
    """Identify events that occurred in the system."""

    def __init__(self, event_data):
        self.event_data = event_data

    def identify_event(self):
        Event.meets_condition_pre(self.event_data)
        event_cls = next(
            (
                event_cls
                for event_cls in Event.__subclasses__()
                if event_cls.meets_condition(self.event_data)
            ),
            UnknownEvent,
        )
        return event_cls(self.event_data)
```

该契约只声明顶级键“before”和“after”是强制性的，而且它们的值也应该是字典。子类中任何要求更严格参数的尝试都将失败。

事务事件的类最初是设计正确的。看看代码是如何不对名为 transaction 的内部键施加限制的，它只在它存在时才使用它的值，但这不是强制性的：

```
# lsp_2.py
class TransactionEvent(Event):
    """Represents a transaction that has just occurred on the system."""

    @staticmethod
    def meets_condition(event_data: dict):
        return event_data["after"].get("transaction") is not None
```

但是，原来的两种方法是不正确的，因为它们要求存在一个名为“session”的键，而这个键不是原来契约的一部分。这违反了契约，现在客户端不能像使用其他类一样使用这些类，因为这会引发 KeyError 异常。

在修复了这个问题之后（更改.get()方法的方括号），LSP 上的顺序得以重新建立，且多态性占优势：

```
>>> l1 = SystemMonitor({"before": {"session": 0}, "after": {"session": 1}})
>>> l1.identify_event().__class__.__name__
```

```
'LoginEvent'

>>> l2 = SystemMonitor({"before": {"session": 1}, "after": {"session": 0}})
>>> l2.identify_event().__class__.__name__
'LogoutEvent'

>>> l3 = SystemMonitor({"before": {"session": 1}, "after": {"session": 1}})
>>> l3.identify_event().__class__.__name__
'UnknownEvent'

>>> l4 = SystemMonitor({"before": {}, "after": {"transaction": "Tx001"}})
>>> l4.identify_event().__class__.__name__
'TransactionEvent'
```

期望自动化工具（不管它们有多好、多有用）能够检测诸如此类的案例是不合理的。在设计类时，我们必须小心，不要突然更改方法的输入或输出，以免与客户端最初期望的内容不兼容。

4.3.3　关于 LSP 需要注意的一些点

LSP 是良好的面向对象软件设计的基础，因为它强调了面象对象软件设计的核心特性之一——多态性。它是关于创建正确层次结构的，这样从基类派生的类相对于接口上的方法而言，沿着父类是多态的。

注意这个原则是如何与前面的原则相关联的，这是一件非常有趣的事情——如果我们企图通过一个不兼容的新类来扩展一个类，将会失败，因为与客户端之间的契约将被打破，而且最终这样一个扩展将是不可能实现的（或者，想要使这样一个扩展变得可能，我们不得不破坏另一端的原则，并修改客户端不允许修改的代码，这非常不可取，也是不可接受的）。

以 LSP 原则建议的方式仔细考虑新类，有助于我们正确地扩展层次结构。因此，我们可以说 LSP 原则对 OCP 原则是有贡献的。

4.4　接口隔离原则

接口隔离原则（ISP）提供了一些指导原则，以支持我们反复讨论过的一个概念——

接口应该很小。

在面向对象的术语中，接口由对象公开的一组方法表示。这就是说，一个对象能够接收或解释的所有消息构成了它的接口，这是其他客户端能够请求的。接口将类公开行为的定义与其实现相分离。

在 Python 中，接口是由类根据其方法隐式定义的。这是因为 Python 遵循所谓的**鸭子类型**（duck typing）原则。

鸭子类型原则背后的思想是，任何对象实际上都是由它所拥有的方法和它所能做的事情来表示的。这意味着，无论类的类型、名称、文档字符串、类属性或实例属性是什么，最终定义对象本质的都是它拥有的方法。类上定义的方法（它知道做什么）决定了对象的实际内容。之所以称这个原则为"鸭子类型"原则，是因为我们认为"如果一只动物走路像鸭子，嘎嘎叫像鸭子，那它一定是鸭子"。

长期以来，"鸭子类型"原则是 Python 中定义接口的唯一方式。后来，Python 3（PEP-3119）引入了抽象基类的概念，以此作为一种新的方式来定义接口。抽象基类的基本思想是定义了一些派生类负责实现的基本行为或接口。当我们想要确保某些关键方法实际上被覆盖了时，抽象基类是非常有用的，而且还可以作为一种机制来覆盖或扩展方法的功能，如 isinstance()。

"鸭子类型"还包含一种方法，这种方法可以将一些类型注册为层次结构的一部分，即所谓的虚拟子类。这个方法的思想是，通过添加一个新的标准，更进一步扩展"鸭子类型"原则的概念——像鸭子一样走路，像鸭子一样嘎嘎叫，或者……说它是一只鸭子。

这些关于 Python 如何解释接口的概念，对于理解里氏替换原则和依赖倒置原则非常重要。

从抽象的角度来说，这意味着 ISP 声明，在定义一个提供多个方法的接口时，最好将其分解为多个方法，每个方法包含更少的方法（最好只有一个），并且具有非常具体的作用和准确的范围。通过将接口划分为尽可能小的单元，以保证代码的可重用性，每个希望实现其中一个接口的类很可能具有高度内聚性，因为它具有相当明确的行为和一组特定职责。

4.4.1　提供太多信息的接口

现在，我们希望能够以不同的格式（如 XML 和 JSON）解析一个来自多个数据源的事件。遵循良好实践的原则，我们决定将接口（而不是一个具体的类）作为依赖，设计如下：

为了在 Python 中将其创建为接口，我们使用抽象基类并将方法（from_xml()和 from_json()）定义为抽象，以强制派生类来实现它们。派生自这个抽象基类并实现这些方法的事件将可以使用它们相应的类型。

但是，如果一个特定的类不需要 XML 方法，并且只能由 JSON 构造，该怎么办？该类仍然需要保留 from_xml()方法，尽管该类不需要这个方法，却不得不保留它。这不是很灵活，因为它创建了耦合，并迫使接口的客户端使用他们不需要的方法。

4.4.2　接口越小越好

最好将上述接口拆分为两个不同的接口，使每个接口各有一个方法。

通过这个设计，来自于 XMLEventParser 并实现了 from_xml()方法的对象将知道如何通过 XML 进行构造，这和使用 JSON 文件是一样的，但最重要的是，我们维护了两个独立函数的正交性，保持了系统的灵活性，而且不丢失任何功能，这些功能仍然可以通过组合新的更小的对象来实现。

这与 SRP 有一些相似之处，但主要的区别在于这里我们讨论的是接口，所以它是行为的抽象定义。没有理由进行更改，因为在实际实现接口之前什么都没有。如果不遵守这个原则，就会创建一个与正交功能耦合的接口，并且这个派生类也将不遵守 SRP（它将有不止一个理由去更改）。

4.4.3 接口应该多小

4.4.2 节的观点是正确的，但也需要注意——如果它被误解或走向极端，就要避开危险的道路。

基类（抽象类或非抽象类）为所有其他类定义一个接口来扩展它。这应该尽可能小的事实必须从内聚性的角度来理解——它应该只做一件事。这并不意味着它必须只有一个方法。在前面的例子中，由于巧合，这两个方法都在执行完全不相交的操作，因此将它们分离到不同的类是有意义的。

但也有可能有多个方法正确地属于同一个类。假设你想提供一个 mixin 类，用于在上下文管理器中抽象特定的逻辑，以便所有从该类派生的类都可以免费获得该上下文管理器逻辑。正如我们已经知道的，上下文管理器需要用到两种方法：__enter__ 和 __exit__。它们必须一起使用，否则结果根本不是一个有效的上下文管理器。

如果不能将这两种方法放在同一个类中，将导致组件损坏，这不但是无用的，而且有导致错误的危险。希望这个夸张的示例能与 4.3 节的示例起到平衡作用，这样你就能对接口设计有一个更准确的了解。

4.5 依赖倒置原则

这是一个非常强大的想法，我们在第 9 章和第 10 章中探讨一些设计模式时会再次提到。

依赖倒置原则（Dependency Inversion Principle，DIP）提出了一项有趣的设计原则，使代码独立于那些薄弱的、不稳定的或一些我们无法控制的内容，以此来保护它。依赖倒置的思想是，代码不应该适应细节或具体实现，而应该反过来，即通过某种 API 强制任何实现或细节适应代码。

抽象必须以一种不依赖于细节的方式进行组织，只是以相反的一种方式组织——细节（具体实现）应该依赖于抽象。

假设设计中有两个需要协作的对象 A 和 B。A 处理 B 的一个实例，但结果是，我们的模块并不直接控制 B 对象（它可能是一个外部库，或者由另一个团队维护的模块，等等）。如果代码严重依赖于 B，一旦 B 发生变化，代码就会崩溃。为了防止出现这种情况，我们必须倒置依赖关系：使 B 必须适应 A。这是通过呈现一个接口来实现的，并强制代码不依赖于 B 的具体实现，而是依赖所定义的接口。在此时，B 有责任遵守该接口。

与前面几节讨论的概念一致，抽象也以接口（或者 Python 中的抽象基类）的形式出现。

一般来说，我们可以期望具体的实现比抽象的组件变化得更频繁。正因如此，我们将抽象（接口）作为灵活点，我们期望在不改变抽象本身的情况下对系统进行更改、修改或扩展。

4.5.1　一个严格依赖的案例

事件监视系统的最后一部分是将标识的事件交付给数据收集器，以便进一步分析。这样一个想法的简单实现将包括一个与数据的目的地交互的事件流类，例如 Syslog。

然而，这种设计不是很好，因为我们有一个高级类（EventStreamer）依赖于一个低级类（Syslog 是一个实现细节的类）。如果我们向 Syslog 发送数据的方式发生了变化，则必须修改 EventStreamer。如果我们想要在代码运行时更改数据的目的地，或者添加新的数据目的地，也会遇到麻烦，因为我们需要不断地修改 stream()方法，以使其适应这些需求。

4.5.2　倒置依赖

解决这些问题的方法是让 EventStreamer 使用接口，而不是使用具体的类。这样，实现这个接口就依赖于包含实现细节的底层类：

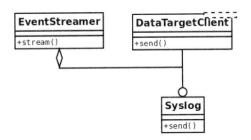

现在有一个接口，用于表示数据将被发送到哪里的通用数据目标。注意，由于 EventStreamer 不依赖于特定数据目标的具体实现，因此依赖现在已经被倒置了，它不是随着这个数据目标的更改而更改，而是取决于每个特定的数据目标——正确地实现接口，并在必要时适应更改。

换句话说，第一个实现的原始 EventStreamer 只处理 Syslog 类型的对象，这不是很灵活。随后我们意识到，它可以与任何可以响应.send()消息的对象一起工作，并将此方法标识为所需要遵守的接口。现在，在这个版本中，Syslog 实际上扩展了名为 DataTargetClient 的抽象基类，该类定义了 send()方法。从现在开始，扩展这个抽象基类并实现 send()方法，依赖于每一种新类型的数据目标（如电子邮件）。

我们甚至可以在运行时为实现 send()方法的任何其他对象修改这个属性，并且它将仍然可以工作。这就是它通常被称为依赖注入的原因：因为依赖可以动态地提供。

你可能想知道为什么这是必要的。Python 非常灵活（有时过于灵活），允许我们提供一个像 EventStreamer 这样的、能使用任何特定数据目标对象的对象，而不需要遵守任何接口规定，因为它是动态类型的。问题是：既然我们可以简单地将一个带有 send()方法的对象传递给它，为什么还要定义抽象基类（接口）呢？

平心而论，确实是这样的；实际上没有必要这样做，程序也会照样运行。毕竟，多态性并不意味着（或要求）继承才能工作。然而，定义抽象基类是一个很好的实践，它有一些优点，第一个优点就是"鸭子类型"原则。连同"鸭子类型"原则一起，我们可以提及这样一个事实，模型更具可读性——记住，继承服从 is_a 规则，因此通过声明抽象基类和扩展，例如 Syslog 是 DataTargetClient，这是使用代码的人可以阅读和理解的（再次强调，这就是"鸭子类型"原则）。

总而言之，定义抽象基类并不是强制的，但是为了实现更清晰的设计，这样做是可取的。这是本书的目的之一——帮助程序员避免容易犯的错误，因为 Python 太灵活了，我们可以避免它。

4.6　小结

SOLID 原则是优秀的面向对象软件设计的关键准则。

构建软件是一项非常困难的任务——代码的逻辑很复杂，其运行时的行为很难预测，需求和环境都在不断地变化，并且有很多事情可能出错。

另外，使用不同的技术、范例和许多不同的设计来构建软件的方法有多种，它们可以一起奏效，以特定的方式解决特定的问题。然而，随着时间的推移以及需求的变化或发展，这些方法并不都被证明是正确的。到这个时候，要对不正确的设计做点什么已经太晚了，因为它是僵化的、不灵活的，因此很难将其重构，进而更改为正确的解决方案。

这意味着，如果设计方案错了，我们将花费很多时间去维护。那么，我们如何才能实现一个好的设计并最终获得回报呢？答案是我们并不能确定。我们面对的是未来，而未来是不确定的，从而导致我们无法确定设计方案是否正确，以及构建的软件在未来几年是否具有灵活性和适应性。正因如此，我们必须坚持原则。

这就是 SOLID 原则发挥作用的地方。它们并不是神奇的规则（毕竟，在软件工程中没有什么灵丹妙药），但是提供了很好的指导方针。这些指导方针在过去的项目中已经被证明是有效的，并且使软件更有可能成功。

本章介绍了 SOLID 原则，目的是理解整洁设计的概念。在接下来的章节中，我们将继续探索 Python 语言的细节，并看看在某些情况下这些工具和特性是如何与这些原则一起使用的。

第5章
用装饰器改进代码

本章主要介绍装饰器，看看它们在用户希望改进设计的诸多情况下是如何发挥作用的。我们将探讨什么是装饰器、装饰器是如何工作的，以及如何实现装饰器。

有了这些知识，我们将重新审视在前几章中学习到的关于软件设计的通用良好实践的概念，并了解装饰器是如何帮助我们遵守各个原则的。

通过学习本章的内容，你应能了解装饰器在 Python 中的工作原理；了解如何实现应用于函数和类的装饰器；要有效地实现装饰器，避免常见的实现错误；分析如何用装饰器避免代码重复（DRY 原则）；研究装饰器如何有助于关注点的分离；分析好的装饰器的示例；回顾常见的情况、习惯用法或模式，以便选择正确的装饰器。

5.1 Python 中的装饰器是什么

Python 很早就引入了装饰器——在 PEP-318 中，作为一种简化函数和方法定义方式的机制，这些函数和方法在初始定义之后必须进行修改。

这样做的最初动机之一是，使用 classmethod 和 staticmethod 等函数来转换方法的原始定义，但是它们需要额外的一行代码来修改函数的初始定义。

一般来说，每次必须对函数应用转换时，我们必须使用 modifier 函数调用它，然后将它重新分配到函数初始定义时的名称中。

例如，假设有一个叫作 original 的函数，在它上面有一个改变 original 行为的函数（叫作 modifier），那么我们必须这样写：

```
def original(...):
    ...
original = modifier(original)
```

请注意我们是如何更改函数并将其重新分配到相同的名称中去的。这是令人困惑的，很容易出错（假设有人忘记重新分配函数，或者重新分配了函数，但不在函数定义之后的行中，而是在更远的地方），而且很麻烦。出于这个原因，Python 语言增加了一些语法支持。

前面的示例可以改写为如下样式：

```
@modifier
def original(...):
    ...
```

这意味着装饰器只是语法糖，用于调用装饰器之后的内容作为装饰器本身的第一个参数，结果将是装饰器返回的内容。

为了与 Python 的术语一致，在我们的示例中 modifier 称为装饰器，original 是装饰函数，通常也被称为包装对象。

虽然该功能最初被认为是用于方法和函数的，但实际的语法允许它修饰任何类型的对象，因此我们将研究应用于函数、方法、生成器和类的装饰器。

最后一点需要注意的是，虽然装饰器的名称是正确的（毕竟，装饰器实际上是在对包装函数进行更改、扩展或处理），但不要将它与装饰器设计模式混淆。

5.1.1　装饰器函数

函数可能是对可以装饰的 Python 对象的最简单的表示形式。我们可以在函数上使用装饰器来应用各种逻辑——我们可以验证参数、检查前置条件、完全改变行为、修改其签名、缓存结果（创建原始函数的内存版本）等。

例如，我们将创建一个实现 retry 机制的基本装饰器，控制一个特定的域级异常并重试一定的次数：

```
# decorator_function_1.py
class ControlledException(Exception):
```

```
    """A generic exception on the program's domain."""

def retry(operation):
    @wraps(operation)
    def wrapped(*args, **kwargs):
        last_raised = None
        RETRIES_LIMIT = 3
        for _ in range(RETRIES_LIMIT):
            try:
                return operation(*args, **kwargs)
            except ControlledException as e:
                logger.info("retrying %s", operation.__qualname__)
                last_raised = e
        raise last_raised

    return wrapped
```

现在可以忽略@wrap 的使用，因为它将在另一节中讨论。在 for 循环中使用"_"，意味着这个数字被分配给一个我们目前不感兴趣的变量，因为它不在 for 循环中使用（在 Python 中，将被忽略的值命名为"_"是一个常见的习惯用法）。

retry 装饰器不接收任何参数，所以它可以很容易地应用于任何函数，如下所示：

```
@retry
def run_operation(task):
    """Run a particular task, simulating some failures on its execution."""
    return task.run()
```

正如一开始所解释的，在 run_operation 之上@retry 的定义只是 Python 提供的语法糖，用于实际执行 run_operation = retry(run_operation)。

在这个有限的示例中，我们可以看到如何用装饰器创建一个通用的 retry 操作，在某些确定的条件下（在本示例中，表示为可能与超时相关的异常），该操作将允许多次调用装饰后的代码。

5.1.2 装饰类

类也可以被装饰（PEP-3129），其装饰方法与语法函数的装饰方法相同。唯一的区别是，在为装饰器编写代码时，我们必须考虑到所接收的是一个类，而不是一个函数。

一些实践者可能会认为装饰类是相当复杂的事情，这样的场景可能会损害可读性，因为我们将在类中声明一些属性和方法，但是在幕后，装饰器可能会应用一些变化，从而呈现一个完全不同的类。

这种评定是正确的，但只有在装饰类技术被严重滥用的情况下成立。客观上，这与装饰功能没有什么不同；毕竟，类和函数一样，都只是 Python 生态系统中的一种类型的对象而已。在 5.4 节中，我们将再次审视这个问题的优缺点，但是这里只探索装饰器的优点，尤其是适用于类的装饰器的优点。

（1）重用代码和 DRY 原则的所有好处。类装饰器的一个有效情况是，强制多个类符合特定的接口或标准（通过只在将应用于多个类的装饰器中进行一次检查）。

（2）可以创建更小或更简单的类——这些类稍后将由装饰器进行增强。

（3）如果使用装饰器，那么需要应用到特定类上的转换逻辑将更容易维护，而不会使用更复杂的（通常是不鼓励使用的）方法，如元类。

在装饰器的所有可能应用程序中，我们将探索一个简单的示例，以了解装饰器可以用于哪些方面。记住，这不是类装饰器的唯一应用程序类型，而且给出的代码还可以有许多其他解决方案。所有这些解决方案都有优缺点，之所以选择装饰器，是为了说明它们的用处。

回顾用于监视平台的事件系统，现在需要转换每个事件的数据并将其发送到外部系统。然而，在选择如何发送数据时，每种类型的事件可能都有自己的特殊性。

特别是，登录事件可能包含敏感信息，例如我们希望隐藏的凭据。时间戳等其他领域的字段可能也需要一些转换，因为我们希望以特定的格式显示它们。符合这些要求的第一次尝试很简单，就像有一个映射到每个特定事件的类，并知道如何序列化它那样：

```python
class LoginEventSerializer:
    def __init__(self, event):
        self.event = event

    def serialize(self) -> dict:
        return {
            "username": self.event.username,
            "password": "**redacted**",
            "ip": self.event.ip,
            "timestamp": self.event.timestamp.strftime("%Y-%m-%d
             %H:%M"),
```

```
            }

class LoginEvent:
    SERIALIZER = LoginEventSerializer

    def __init__(self, username, password, ip, timestamp):
        self.username = username
        self.password = password
        self.ip = ip
        self.timestamp = timestamp

    def serialize(self) -> dict:
        return self.SERIALIZER(self).serialize()
```

在这里，我们声明一个类。该类将直接映射到登录事件，其中包含它的一些逻辑——隐藏密码字段，并根据需要格式化时间戳。

虽然这是可行的，可能开始看起来是一个不错的选择，但随着时间的推移，若要扩展系统，就会发现一些问题。

（1）**类太多**。随着事件数量的增多，序列化类的数量将以相同的量级增长，因为它们是一一映射的。

（2）**解决方案不够灵活**。如果我们需要重用部分组件（例如，需要把密码藏在也有类似需求的另一个类型的事件中），就不得不将其提取到一个函数，但也要从多个类中调用它，这意味着我们没有重用那么多代码。

（3）**样板文件**。serialize()方法必须出现在所有事件类中，同时调用相同的代码。尽管我们可以将其提取到另一个类中（创建 mixin），但这似乎没有很好地使用继承。

另一种解决方案是能够动态构造一个对象：给定一组过滤器（转换函数）和一个事件实例，该对象能够通过将过滤器应用于其字段的方式序列化它。然后，我们只需要定义转换每种字段类型的函数，并通过组合这些函数创建序列化器。

一旦有了这个对象，我们就可以装饰类以添加 serialize()方法。该方法只会调用这些序列化对象本身：

```
def hide_field(field) -> str:
    return "**redacted**"
```

```python
def format_time(field_timestamp: datetime) -> str:
    return field_timestamp.strftime("%Y-%m-%d %H:%M")

def show_original(event_field):
    return event_field

class EventSerializer:
    def __init__(self, serialization_fields: dict) -> None:
        self.serialization_fields = serialization_fields

    def serialize(self, event) -> dict:
        return {
            field: transformation(getattr(event, field))
            for field, transformation in
            self.serialization_fields.items()
        }

class Serialization:
    def __init__(self, **transformations):
        self.serializer = EventSerializer(transformations)

    def __call__(self, event_class):
        def serialize_method(event_instance):
            return self.serializer.serialize(event_instance)
        event_class.serialize = serialize_method
        return event_class

@Serialization(
    username=show_original,
    password=hide_field,
    ip=show_original,
    timestamp=format_time,
)
class LoginEvent:

    def __init__(self, username, password, ip, timestamp):
        self.username = username
        self.password = password
        self.ip = ip
        self.timestamp = timestamp
```

注意，装饰器让你更容易知道如何处理每个字段，而不必查看另一个类的代码。仅通过读取传递给类装饰器的参数，我们就知道用户名和 IP 地址将保持不变，密码将被隐藏，时间戳将被格式化。

现在，类的代码不需要定义 serialize()方法，也不需要从实现它的 mixin 类进行扩展，因为这些都将由装饰器添加。实际上，这可能是创建类装饰器的唯一理由，因为如果不是这样的话，序列化对象可能是 LoginEvent 的一个类属性，但是它通过向该类添加一个新方法来更改类，这使得创建该类装饰器变得不可能。

我们还可以使用另一个类装饰器，通过定义类的属性来实现 init 方法的逻辑，但这超出了本例的范围。

通过使用 Python 3.7+ 中的这个类装饰器（PEP-557），可以按更简洁的方式重写前面的示例，而不使用 init 的样板代码，如下所示：

```python
from dataclasses import dataclass
from datetime import datetime

@Serialization(
    username=show_original,
    password=hide_field,
    ip=show_original,
    timestamp=format_time,
)
@dataclass
class LoginEvent:
    username: str
    password: str
    ip: str
    timestamp: datetime
```

5.1.3　其他类型的装饰器

既然我们已经知道了装饰器的@语法的实际含义，就可以得出这样的结论：可以装饰的不仅是函数、方法或类；实际上，任何可以定义的东西（如生成器、协同程序甚至是装饰过的对象）都可以装饰，这意味着装饰器可以堆叠起来。

前面的示例展示了如何链接装饰器。我们先定义类，然后将@dataclass 应用于该类——它将该类转换为数据类，充当这些属性的容器。之后，通过@Serialization 把逻辑应用到该类上，从而生成一个新类，其中添加了新的 serialize()方法。

装饰器另一个好的用法是用于应该用作协同程序的生成器。我们将在第 7 章中探讨生成器和协同程序的细节，其主要思想是，在向新创建的生成器发送任何数据之前，必须通过调用 next() 将后者推进到下一个 yield 语句。这是每个用户都必须记住的手动过程，因此很容易出错。我们可以轻松创建一个装饰器，使其接收生成器作为参数，调用 next()，然后返回生成器。

5.1.4　将参数传递给装饰器

至此，我们已经将装饰器看作 Python 中的一个强大工具。如果我们可以将参数传递给装饰器，使其逻辑更加抽象，那么其功能可能会更加强大。

有几种实现装饰器的方法可以接收参数，但是接下来我们只讨论最常见的方法。第一种方法是将装饰器创建为带有新的间接层的嵌套函数，使装饰器中的所有内容深入一层。第二种方法是为装饰器使用一个类。

通常，第二种方法更倾向于可读性，因为从对象的角度考虑，其要比 3 个或 3 个以上使用闭包的嵌套函数更容易。但是，为了完整起见，我们将对这两种方法进行探讨，以便你可以选择使用最适合当前问题的方法。

1. 带有嵌套函数的装饰器

粗略地说，装饰器的基本思想是创建一个返回函数的函数（通常称为高阶函数）。在装饰器主体中定义的内部函数将是实际被调用的函数。

现在，如果希望将参数传递给它，就需要另一间接层。第一个函数将接收参数，在该函数中，我们将定义一个新函数（它将是装饰器），而这个新函数又将定义另一个新函数，即装饰过程返回的函数。这意味着我们将至少有 3 层嵌套函数。

如果你到目前为止还不明白上述内容的含义，也不用担心，待查看下面给出的示例之后，就会明白了。

第一个示例是，装饰器在一些函数上实现重试功能。这是个好主意，只是有个问题：实现不允许指定重试次数，只允许在装饰器中指定一个固定的次数。

现在，我们希望能够指出每个示例有多少次重试，也许甚至可以为这个参数添加一个默认值。为了实现这个功能，我们需要用到另一层嵌套函数——先用于参数，然后用于装饰器本身。

这是因为如下代码：

```
@retry(arg1, arg2,... )
```

必须返回装饰器，因为@语法将把计算结果应用到要装饰的对象上。从语义上讲，它可以翻译成如下内容：

```
<original_function> = retry(arg1, arg2, ....)(<original_function>)
```

除了所需的重试次数，我们还可以指明希望控制的异常类型。支持新需求的新版本代码可能是这样的：

```python
RETRIES_LIMIT = 3

def with_retry(retries_limit=RETRIES_LIMIT, allowed_exceptions=None):
    allowed_exceptions = allowed_exceptions or (ControlledException,)

    def retry(operation):

        @wraps(operation)
        def wrapped(*args, **kwargs):
            last_raised = None
            for _ in range(retries_limit):
                try:
                    return operation(*args, **kwargs)
                except allowed_exceptions as e:
                    logger.info("retrying %s due to %s", operation, e)
                    last_raised = e
            raise last_raised

        return wrapped

    return retry
```

下面是这个装饰器如何应用于函数的一些示例，其中显示了它接收的不同选项：

```python
# decorator_parametrized_1.py
@with_retry()
def run_operation(task):
    return task.run()


@with_retry(retries_limit=5)
```

```
def run_with_custom_retries_limit(task):
    return task.run()

@with_retry(allowed_exceptions=(AttributeError,))
def run_with_custom_exceptions(task):
    return task.run()

@with_retry(
    retries_limit=4, allowed_exceptions=(ZeroDivisionError, AttributeError)
)
def run_with_custom_parameters(task):
    return task.run()
```

2．装饰器对象

前面的示例需要用到 3 层嵌套函数。首先，这将是一个用于接收我们想要使用的装饰器的参数。在这个函数中，其余的函数是使用这些参数和装饰器逻辑的闭包。

更简洁的实现方法是用一个类定义装饰器。在这种情况下，我们可以在__init__方法中传递参数，然后在名为__call__的魔法方法上实现装饰器的逻辑。

装饰器的代码如下所示：

```
class WithRetry:

    def __init__(self, retries_limit=RETRIES_LIMIT,
allowed_exceptions=None):
        self.retries_limit = retries_limit
        self.allowed_exceptions = allowed_exceptions or
(ControlledException,)

    def __call__(self, operation):

        @wraps(operation)
        def wrapped(*args, **kwargs):
            last_raised = None

            for _ in range(self.retries_limit):
                try:
                    return operation(*args, **kwargs)
                except self.allowed_exceptions as e:
                    logger.info("retrying %s due to %s", operation, e)
                    last_raised = e
```

```
        raise last_raised

    return wrapped
```

这个装饰器可以像之前的一样应用，就像这样：

```
@WithRetry(retries_limit=5)
def run_with_custom_retries_limit(task):
    return task.run()
```

注意 Python 语法在这里是如何起作用的，这一点很重要。首先，我们创建对象，这样在应用@操作之前，对象已经创建好了，并且其参数传递给它了，用这些参数初始化这个对象，如 init 方法中定义的那样。在此之后，我们将调用@操作，这样该对象将包装名为 run_with_custom_reries_limit 的函数，而这意味着它将被传递给 call 这个魔法方法。

在 call 这个魔法方法中，我们定义了装饰器的逻辑，就像通常所做的那样——包装了原始函数，返回一个新的函数，其中包含所要的逻辑。

5.1.5 充分利用装饰器

本节介绍一些充分利用装饰器的常见模式。在有些常见的场景中使用装饰器是个非常好的选择。

可用于应用程序的装饰器数不胜数，下面仅列举几个最常见或相关的。

（1）**转换参数**。更改函数的签名以公开更好的 API，同时封装关于如何处理和转换参数的详细信息。

（2）**跟踪代码**。记录函数及其参数的执行情况。

（3）**验证参数**。

（4）**实现重试操作**。

（5）**通过把一些（重复的）逻辑移到装饰器中来简化类**。

接下来详细讨论前两个应用程序。

1. 转换参数

前文提到，装饰器可以用来验证参数（甚至在 DbC 的概念下强制一些前置条件或后置条件），因此你可能已经了解到，这是一些处理或者操控参数时使用装饰器的常用方法。

特别是，在某些情况下，我们会发现自己反复创建类似的对象，或者应用类似的转换，而我们希望将这些转换抽象掉。大多数时候，我们可以通过简单地用装饰器实现这一点。

2．跟踪代码

在本节中讨论**跟踪**时，我们将提到一些更通用的内容，这些内容与处理所要监控的函数的执行有关，具体是指：

（1）实际跟踪函数的执行（例如，通过记录函数执行的行）；

（2）监控函数的一些指标（如 CPU 使用量或内存占用）；

（3）测量函数的运行时间；

（4）函数被调用时的日志，以及传递给它的参数。

我们将在 5.2 节剖析一个简单的装饰器示例，该示例记录了函数的执行情况，包括函数名和运行时间。

5.2　有效的装饰：避免常见的错误

虽然装饰器是 Python 很好的特性之一，但是如果使用不当，也会出现问题。本节会列举一些需要避免的常见问题，以帮助你创建有效的装饰器。

5.2.1　保存关于原始包装对象的数据

将装饰器应用于函数时，最常见的问题之一是没有维护原始函数的某些属性和特性，从而导致出现不希望的、难以跟踪的副作用。

为了说明这一点，我们给出一个装饰器，用于在函数即将运行时进行日志记录：

```
# decorator_wraps_1.py

def trace_decorator(function):
    def wrapped(*args, **kwargs):
        logger.info("running %s", function.__qualname__)
```

```
    return function(*args, **kwargs)

    return wrapped
```

现在，假设有一个应用了这个装饰器的函数。我们最初可能会认为，该函数的任何内容都没有根据其原始定义进行修改：

```
@trace_decorator
def process_account(account_id):
    """Process an account by Id."""
    logger.info("processing account %s", account_id)
    ...
```

但也许会有一些变化。

装饰器不应该改变原始函数的任何内容，但是，由于它包含一个缺陷，实际上其正在修改它的名称、文档字符串以及其他属性。

让我们试着得到这个函数的帮助：

```
>>> help(process_account)
Help on function wrapped in module decorator_wraps_1:

wrapped(*args, **kwargs)
```

我们来看看它是怎么被调用的：

```
>>> process_account.__qualname__
'trace_decorator.<locals>.wrapped'
```

可以看到，装饰器实际上正在将原来的函数更改为一个新的函数（称为 wrapped），因此我们实际上看到的是这个新函数的属性，而不是原来函数的属性。

如果我们把这样的装饰器应用于多个函数，且所有函数有不同的名称，那么它们最终都将被 wrapped 调用，这是一个主要问题（例如，如果想要记录或跟踪函数，这个问题会让调试变得更困难）。

还有一个问题，如果我们在这些函数上放置带有测试的文档字符串，那么它们将被装饰器的测试覆盖。因此，如果使用 doctest 模块调用代码，带有测试的文档字符串将不会运行（见第 1 章）。

不过，解决办法很简单。我们只需要在内部函数（wrapped）中应用 wraps 装饰器，说明它实际上是包装函数即可：

```
# decorator_wraps_2.py
def trace_decorator(function):
    @wraps(function)
    def wrapped(*args, **kwargs):
        logger.info("running %s", function.__qualname__)
        return function(*args, **kwargs)

    return wrapped
```

现在，如果我们检查属性，就会得到最初期望的结果。用 help 检查函数，如下所示：

```
>>> Help on function process_account in module decorator_wraps_2:

process_account(account_id)
    Process an account by Id.
```

并验证其限定名是否正确，如下所示：

```
>>> process_account.__qualname__
'process_account'
```

最重要的是，我们修复了可能对文档字符串进行的单元测试！通过使用 wraps 装饰器，我们还可以访问原始的、未修改的函数——该函数位于__wrapped__属性之下。虽然不应该在生产环境中使用它，但是当我们想要检查函数的未修改版本时，它可能会在一些单元测试中派上用场。

一般来说，对于简单的装饰器，我们使用 functools.wraps 的方式通常遵循通用的公式或结构：

```
def decorator(original_function):
    @wraps(original_function)
    def decorated_function(*args, **kwargs):
        # modifications done by the decorator ...
        return original_function(*args, **kwargs)

    return decorated_function
```

 在创建装饰器时，要习惯将 functools.wraps 应用于包装后的函数。

5.2.2　处理装饰器中的副作用

在本节中，我们将了解如何避免装饰器主体中的副作用，这样做是非常明智的。在某些情况下，这可能是可以接受的，但底线是，一旦有疑问，就必须决定怎么处理它，原因在前面已经解释过了。除了要装饰的函数，装饰器需要做的所有事情都应该放在最内部的函数定义中，否则在导入时就会出现问题。

尽管如此，有时这些副作用在导入时是运行所必需的（甚至是被鼓励出现的），反之亦然。

我们将看到上述两种情况的示例以及它们各自的应用。如果有疑问，请谨慎处理（宁求稳妥，不愿涉险），并将所有副作用延迟到最晚，即调用 wrapped 函数之后。

接下来，我们将看到何时将额外的逻辑放在 wrapped 函数之外不好。

1. 装饰器中对副作用的错误处理

让我们想象这样一个示例：当一个函数开始运行时，为了记录它的运行时间而创建了一个装饰器：

```
def traced_function_wrong(function):
    logger.info("started execution of %s", function)
    start_time = time.time()

    @functools.wraps(function)
    def wrapped(*args, **kwargs):
        result = function(*args, **kwargs)
        logger.info(
            "function %s took %.2fs",
            function,
            time.time() - start_time
        )
        return result
    return wrapped
```

现在我们将把这个装饰器应用到一个常规函数中，并认为它可以很好地工作：

```
@traced_function_wrong
def process_with_delay(callback, delay=0):
    time.sleep(delay)
    return callback()
```

这个装饰器有一个微妙但关键的故障。

首先，让我们导入这个函数，并且多次调用它，看看会发生什么：

```
>>> from decorator_side_effects_1 import process_with_delay
INFO:started execution of <function process_with_delay at 0x...>
```

只要导入这个函数，我们就会发现有些地方出了问题。日志线不应该在那里，因为函数没有被调用。

现在，我们运行这个函数，看看会发生什么，并且看看运行这个函数需要多长时间。实际上，我们希望多次调用同一个函数会得到类似的结果：

```
>>> main()
...
INFO:function <function process_with_delay at 0x> took 8.67s

>>> main()
...
INFO:function <function process_with_delay at 0x> took 13.39s

>>> main()
...
INFO:function <function process_with_delay at 0x> took 17.01s
```

每次运行相同的函数，都会花费更长的时间!此时，你可能已经注意到了（现在已经很明显了）错误。

记住装饰器的语法。@traced_function_wrong 的实际意思是：

```
process_with_delay = traced_function_wrong(process_with_delay)
```

这将在模块导入时运行。因此，函数中设置的时间将是模块导入时的时间。连续调用将计算从运行时间到原始启动时间的时间差。它也会在错误的时间进行日志记录，而不是在实际调用函数的时候。

幸运的是，修复也非常简单——只需将代码移动到 wrapped 函数中，以延迟它的执行：

```
def traced_function(function):
    @functools.wraps(function)
    def wrapped(*args, **kwargs):
```

```
        logger.info("started execution of %s", function.__qualname__)
        start_time = time.time()
        result = function(*args, **kwargs)
        logger.info(
            "function %s took %.2fs",
            function.__qualname__,
            time.time() - start_time
        )
        return result
    return wrapped
```

有了这个新版本，之前的问题就解决了。

如果装饰器的行为不同，结果可能更糟。例如，如果它要求你记录事件并将其发送到外部服务，那么肯定会失败，除非在导入事件之前正确运行了配置，但是我们不能保证这一点一定能够被满足。即使我们能做到这一点，这也不是好的做法。如果装饰器有其他副作用，例如读取文件、解析配置等，也可以使用这种方法。

2. 需要有副作用的装饰器

有时，装饰器的副作用是必要的，我们不应该将它们的执行延迟到最后可能的时间，因为这是它们工作所需机制的一部分。

一个常见的我们不想延迟装饰器副作用的场景是，我们需要把对象注册到一个公共注册中心，而这个公共注册中心是模块中的一个可用部分。

例如，回到前面的事件系统示例中，我们现在只想让模块中的某些事件（而不是所有事件）使用。在事件的层次结构中，我们可能希望有一些中间类，它们不是我们希望在系统上处理的实际事件，而是它们的一些派生类。

我们可以显式地通过装饰器注册每个类，而不是根据是否要处理该类来标记每个类。

在本示例中，有一个类，用于处理与用户活动相关的所有事件。然而，这只是我们实际需要的事件类型的一个中间表，即 UserLoginEvent 和 UserLogoutEvent：

```
EVENTS_REGISTRY = {}

def register_event(event_cls):
    """Place the class for the event into the registry to make it
    accessible in
    the module.
```

```
    """
    EVENTS_REGISTRY[event_cls.__name__] = event_cls
    return event_cls

class Event:
    """A base event object"""

class UserEvent:
    TYPE = "user"

@register_event
class UserLoginEvent(UserEvent):
    """Represents the event of a user when it has just accessed the
system."""

@register_event
class UserLogoutEvent(UserEvent):
    """Event triggered right after a user abandoned the system."""
```

当我们查看前面的代码时，EVENTS_REGISTRY 似乎是空的，但是从这个模块导入一些东西后，它就会被 register_event 装饰器下的所有类填充：

```
>>> from decorator_side_effects_2 import EVENTS_REGISTRY
>>> EVENTS_REGISTRY
{'UserLoginEvent': decorator_side_effects_2.UserLoginEvent,
 'UserLogoutEvent': decorator_side_effects_2.UserLogoutEvent}
```

这看起来似乎很难读懂，甚至会产生误导，因为 EVENTS_REGISTRY 在运行时（就在导入模块之后）将有它的最终值，我们不能仅通过查看代码就轻易地预测它的值。

虽然这是事实，但在某些情况下，这种模式是合理的。实际上，许多网页框架或知名库都用它执行和公开对象，或让它们可用。

同样，在这种情况下，装饰器不会更改 wrapped 对象，也不会以任何方式更改它的执行方式。但这里需要注意的是，如果我们要做一些修改，并定义一个用于修改 wrapped 对象的内部函数，那么仍然可能需要用到在其外部注册结果对象的代码。

注意单词 outside 的用法。这并不一定意味着以前，它只是不属于同一个闭包的一部分；但它在外部范围内，所以不会延迟到运行时。

5.2.3 创建始终有效的装饰器

装饰器可以应用于几种不同的场景。还有一种情况，我们需要对这些不同场景中的对象使用相同的装饰器，例如，如果我们想要重用装饰器，并将其应用于函数、类、方法或静态方法。

如果我们创建装饰器，仅考虑支持我们想要装饰的第一类对象，那么可能会注意到相同的装饰器在不同类型的对象上的作用不尽相同。典型的示例是，我们创建了一个用于函数的装饰器，然后想将它应用于类的方法，却发现它不起作用。如果我们为一个方法设计装饰器，然后希望它也能应用于静态方法或类方法，可能会出现类似的场景。

在设计装饰器时，我们通常会考虑重用代码，因此也希望将该装饰器用于函数和方法。

用签名*args 和**kwargs 定义装饰器将使它们在所有情况下都有效，因为这是我们可以拥有的最通用的签名类型。但是，有时候我们可能不想用通用的签名类型，而是根据原始函数的签名定义装饰器包装函数，这么做主要有以下两个原因：

（1）因为它类似于原始函数，所以更易阅读；

（2）它实际上需要处理一些参数，因此接收*args 和**kwargs 并不方便。

考虑这样一种情况：代码库中有许多函数，代码库需要通过一个参数创建一个特定的对象。例如，我们传递一个字符串，并用它反复初始化一个驱动程序对象。然后，我们认为可以通过一个装饰器删除重复——该装饰器将负责相应地转换该参数。

在下一个示例中，假设 DBDriver 是一个知道如何连接和运行数据库操作的对象，但是它需要一个连接字符串。代码中的方法用来接收一个包含数据库信息的字符串，并且总是需要创建一个 DBDriver 实例。装饰器的想法是，它会实现这种自动转换功能——函数将继续接收一个字符串，但装饰器将创建一个 DBDriver 并将其传递给这个函数，因此从内部情况而言，可以认为我们直接接收到了所需的对象。

下面显示了在函数中使用 DBDriver 的一个示例：

```
import logging
from functools import wraps
```

```
logger = logging.getLogger(__name__)

class DBDriver:
    def __init__(self, dbstring):
        self.dbstring = dbstring

    def execute(self, query):
        return f"query {query} at {self.dbstring}"

def inject_db_driver(function):
    """This decorator converts the parameter by creating a ``DBDriver``
    instance from the database dsn string.
    """
    @wraps(function)
    def wrapped(dbstring):
        return function(DBDriver(dbstring))
    return wrapped

@inject_db_driver
def run_query(driver):
    return driver.execute("test_function")
```

很容易验证，如果我们向函数传递一个字符串，就会得到一个 DBDriver 实例的结果，因此装饰器按预期工作：

```
>>> run_query("test_OK")
'query test_function at test_OK'
```

但是现在，我们想在另一个类方法中重用这个相同的修饰器时，发现了相同的问题：

```
class DataHandler:
    @inject_db_driver
    def run_query(self, driver):
        return driver.execute(self.__class__.__name__)
```

在试图使用这个装饰器时，我们发现它并不能正常工作：

```
>>> DataHandler().run_query("test_fails")
Traceback (most recent call last):
    ...
TypeError: wrapped() takes 1 positional argument but 2 were given
```

为什么会出现这样的问题？因为这个类中的方法使用了一个额外的参数定义，即 self。

方法只是一种特殊的函数，它将 self（它们在上面定义的对象）作为第一个参数接收。

因此，在这种情况下，装饰器（被设计为只处理一个名为 dbstring 的参数）将解释该 self 是所说的参数，并调用传递字符串的方法来代替 self，而在第二个参数（即我们传递的字符串）的位置则什么也没有。

为了解决这个问题，我们需要创建一个对方法和函数同样有效的装饰器。为此，我们把它定义为一个装饰器对象，该对象也实现了协议描述符。

描述符的相关内容参见第 7 章，现在只需要将其作为让装饰器有效的方法。

解决方案是将装饰器实现为一个类对象，并通过实现__get__方法将该对象描述为一个说明：

```python
from functools import wraps
from types import MethodType

class inject_db_driver:
    """Convert a string to a DBDriver instance and pass this to the
        wrapped function."""

    def __init__(self, function):
        self.function = function
        wraps(self.function)(self)

    def __call__(self, dbstring):
        return self.function(DBDriver(dbstring))

    def __get__(self, instance, owner):
        if instance is None:
            return self
        return self.__class__(MethodType(self.function, instance))
```

关于描述符的细节参见第 6 章，但就本例而言，我们现在可以说，它实际上是在重新绑定装饰方法的可调用对象，这意味着它将函数绑定到对象，然后重新创建带有这一新的可调用对象的装饰器。

就函数而言，它仍然有效，因为它根本不会调用__get__方法。

5.3　装饰器的 DRY 原则

如前所述，装饰器允许我们将某些逻辑抽象成单独的组件。这样做的主要好处是，我们可以将装饰器多次应用到不同的对象中，以便重用代码。这遵循了"避免自身重复"（DRY）的原则，因为我们定义了一次，并且只定义了一次特定的知识。

前面几节中实现的重试机制，是一个可以多次应用于重用代码的装饰器的好示例。我们不是让每个特定的函数都包含它的重试逻辑，而是创建一个装饰器并多次应用它。一旦我们确保装饰器可以同样使用方法和函数，这就很有意义了。

定义如何表示事件的类装饰器也符合 DRY 原则，因为它定义了用于序列化事件的逻辑的特定位置，而不需要复制分散在不同类中的代码。因为我们希望重用这个装饰器并将其应用于许多类，所以它的开发（和复杂性）是值得的。

当试图使用装饰器来重用代码时，记住最后这句话是很重要的——我们必须绝对确定我们实际上是在保存代码。

任何装饰器（特别是没有精心设计的装饰器）都会给代码增加另一个间接层，从而增加复杂性。阅读代码的你可能希望按照装饰器的路径来完全理解函数的逻辑（尽管这些注意事项将在以下章节进行解决），所以请记住，这种复杂性必须偿还。如果没有太多的重用，就不要去装饰，选择一个更简单的选项即可（也许一个单独的函数或另一个小类就够了）。

但是如何知道什么是过度重用呢？是否有一个规则来决定何时将现有代码重构到装饰器内？Python 中没有特定于装饰器的东西，但是我们可以在软件工程（GLASS 01）中应用一个通用的经验法则，即在考虑在某种可重用组件中创建一个通用抽象之前，应该至少 3 次尝试使用这个组件。我们推荐你阅读 *Facts and Fallacies of Software Engineering*，因为这本书是很好的参考资料，其中也有这样的想法：创建可重用组件要比创建简单组件难上 3 倍。

底线是，通过装饰器重用代码是可以接受的，但仅限于考虑到以下因素时。

（1）不要从头开始创建装饰器。等到模式出现，装饰器的抽象变得清晰的时候，才重构。

（2）在实现装饰器之前必须多次应用它（不少于 3 次）。

（3）将装饰器中的代码量保持在最少。

5.4 装饰器和关注点分离

5.3 节中的最后一点非常重要，值得单独用一节的篇幅加以阐释。我们探讨了重用代码的概念，并注意到重用代码的一个关键元素是具有内聚性的组件。这意味着它们应该足以承担最低的职责——做一件事，只做一件事，并且把它做好。组件越小，可重用性就越好，并且可以在不同的上下文中应用得越多，而不会带来导致耦合和依赖的额外行为，从而使软件变得僵化。

让我们再次用到前面示例中使用的一个装饰器。我们创建了一个装饰器，用它跟踪某些函数的执行情况：

```python
def traced_function(function):
    @functools.wraps(function)

    def wrapped(*args, **kwargs):
        logger.info("started execution of %s", function.__qualname__)
        start_time = time.time()
        result = function(*args, **kwargs)
        logger.info(
            "function %s took %.2fs",
            function.__qualname__,
            time.time() - start_time
        )
        return result
    return wrapped
```

现在，这个装饰器在运行时遇到了一个问题——它要做的不只一件事。它要记录刚刚调用的特定函数，还要记录运行该函数所花费的时间。这个装饰器每次被使用时，都要同时承担这两个职责，即使我们只想要其中一个。

它应该被分解成更小的装饰器，每个部分都有更具体和有限的责任：

```python
def log_execution(function):
    @wraps(function)
    def wrapped(*args, **kwargs):
```

```
        logger.info("started execution of %s", function.__qualname__)
        return function(*kwargs, **kwargs)
    return wrapped

def measure_time(function):
 @wraps(function)
 def wrapped(*args, **kwargs):
 start_time = time.time()
 result = function(*args, **kwargs)

 logger.info("function %s took %.2f", function.__qualname__,
 time.time() - start_time)
 return result
 return wrapped
```

请注意，我们可以通过简单地将两者结合起来，来实现与之前相同的功能。

```
@measure_time
@log_execution
def operation():
    ....
```

注意，装饰器的应用顺序也很重要。

 不要在装饰器中放置多个职责。SRP 原则也适用于装饰器。

5.5　好的装饰器的相关分析

在本章最后，我们回顾一些好的装饰器的示例，来看看它们在 Python 本身和流行库中是如何使用的，以期获得关于如何创建好的装饰器的参考准则。

在剖析示例之前，让我们首先确定好的装饰器应该具备的特征。

（1）**封装或关注点分离**。好的装饰器应该有效地将其所做的工作和正在进行的装饰之间的不同职责分离开来。它不能是一个有漏洞的抽象，这意味着装饰器的客户端应该只以黑盒模式调用它，而不知道它实际上是如何实现其逻辑的。

（2）**正交性**。装饰器所做的工作应该是独立的，并且尽可能与它所装饰的对象解耦。

（3）**可重用性**。装饰器可以应用于多种类型，而不是只出现在一个函数的一个实例上，这是非常可取的，因为这意味着它可以只是一个函数。装饰器必须足够通用。

一个很好的装饰器示例可以在 Celery 项目中找到，如下页所示，其中的 task 是通过将任务的装饰器从应用程序应用到一个函数定义的：

```
@app.task
def mytask():
    ....
```

这是一个很好的装饰器，原因之一是它非常擅长封装。库的用户只需要定义函数体，装饰器会自动将其转换为任务。@app.task 装饰器确实封装了很多逻辑和代码，但这些都与 mytask() 的主体无关。装饰器是对关注点的完全封装和分离——没有人需要查看装饰器做了什么，所以它是一个不会泄露任何细节的正确抽象。

装饰器的另一个常见用法是在 Web 框架中（Pyramid、Flask 和 Sanic，仅举几个示例），视图的处理程序通过装饰器注册到 URL 中去：

```
@route("/", method=["GET"])
def view_handler(request):
    ...
```

这类装饰器有与以前相同的考虑，并提供了完全的封装，因为 Web 框架的用户很少（如果有的话）需要知道@route 装饰器在做什么。在这种情况下，我们知道装饰器做了比我们想象中更多的工作，例如将这些函数注册到 URL 的映射器中，并且它改变原始函数的签名以便给我们提供一个更好的接口，这个接口接收请求对象和这个对象已经设置的所有信息。

前面的两个示例足以让我们注意到装饰器的其他用法。它们符合 API 的约定。这些框架库通过装饰器向用户公开它们的功能，事实证明，装饰器是定义整洁编程接口的一种很好的方法。

这可能是我们考虑装饰器的首选方法。就像类装饰器的示例告诉我们事件的属性是如何处理的一样，好的装饰器应该提供一个整洁的界面，以便使用代码的人可以直接知道该装饰器能够提供给我们什么，而不需要知道它是如何工作的，也不需要它的任何细节。

5.6　小结

装饰器是 Python 中功能强大的工具，可以应用于许多方面，如类、方法、函数、生成器等。我们在本章中探讨了如何以不同的方式创建作用不同的装饰器，并得出了一些结论。

在为函数创建装饰器时，请尝试使其签名与正在装饰的原始函数匹配。与使用泛型 *args 和 **kwargs 不同，使签名与原始签名匹配，将使代码更容易阅读和维护，并且它更接近原始函数，因此阅读代码的你将更熟悉它。

装饰器是重用代码和遵循 DRY 原则的非常有用的工具。然而，它们的有用性是有代价的，如果使用不当，其复杂性可能会弊大于利。出于这个原因，我们强调在装饰器实际应用了多次（3 次或更多次）时使用。与 DRY 原则相同，我们找到了关注点分离的思想，目的是使装饰器尽可能小。

装饰器的另一个好处是创建更整洁的接口，例如，通过将类的部分逻辑提取到装饰器中来简化类的定义。从这个意义上说，装饰器还通过向用户提供关于特定组件将做什么的信息来帮助提高代码的可读性，而用户不需要知道如何封装。

在第 6 章中，我们将研究 Python 的另一个高级特性——描述符。特别是，我们将看到如何在描述符的帮助下创建更好的装饰器，并解决本章中遇到的一些问题。

第 6 章
用描述符从对象中获取更多信息

本章介绍一个新的概念，它在 Python 开发中更加高级，这就是描述符。此外，描述符不是其他语言的程序员所熟悉的东西，因此无法进行简单的类比。

描述符是 Python 的另一个独特特性，将面向对象编程提升到了另一个层次，并且允许用户构建更强大和可重用的抽象。大多数时候，描述符的全部潜力都可以在库或框架中看到。

通过学习本章的内容，你应能理解描述符是什么、它们是如何工作的，以及如何有效地实现它们；分析两种描述符（数据描述符和非数据描述符）概念上的差异和实现细节的不同；通过描述符有效地重用代码；分析描述符良好用例，以及如何在 API 库中利用它们。

6.1 初探描述符

首先，我们将探索描述符背后的主要思想，以理解它们的机制和内部工作方式。一旦清楚了这一点，我们就更容易理解不同类型的描述符是如何工作的。

一旦对描述符背后的思想有了初步的了解，我们将给出一个示例，其中，描述符的使用为我们提供了一个更简洁、更 Python 化的实现方式。

6.1.1 描述符背后的机制

描述符的工作方式并没有那么复杂，但是需要考虑很多注意事项，因此实现细节是极其重要的。

为了实现描述符，我们至少需要两个类。为了提供一个通用的示例，我们假设 client 类想要使用在 descriptor（这个类通常只是一个领域模型，是我们为解决问题创建的常规抽象）中实现的功能，并且将通过实现描述符逻辑的类来调用 descriptor 类。

因此，描述符只是一个对象，是实现描述符协议的类的实例。这意味着该类的接口必须至少包含以下一种魔法方法（Python 3.6+ 的描述符协议的一部分）：__get__、__set__、__delete__ 和 __set_name__。

要实现描述符，将使用以下命名约定。

名　　称	含　　义
ClientClass	域级抽象，它将利用描述符来实现功能上的优势。该类称为描述符的客户端。 该类包含一个类属性（按此约定命名为 descriptor），它是 DescriptorClass 的一个实例
DescriptorClass	实现 discriptor 本身的类。该类应该实现前面提到的一些包含描述符协议的魔法方法
Client	ClientClass 的实例 client = ClientClass()
Descriptor	DescriptorClass 的实例 descriptor = DescriptorClass() 这个对象是一个放在客户端类中的类属性

关系如下所示：

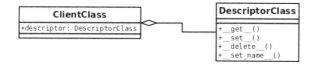

要记住的一个非常重要的观察结论是，要使这个协议正常工作，必须将 descriptor 对象定义为一个类属性。将此对象创建为实例属性，协议将不起作用，因此它必须位于类的主体中，而不是 init 方法中。

始终将 descriptor 对象命名为类属性！

有一点值得注意的是，可以部分实现描述符协议——并非必须定义所有方法。相反，我们只能实现那些所需要的。

现在，我们有了大致的框架——我们知道要设置哪些元素以及它们如何交互。我们需要一个用于 descriptor 的类，以及一个使用 descriptor 逻辑的类，该类反过来会以一个 descriptor 对象（DescriptorClass 的实例）作为类属性，并且和 ClientClass 进行交互，当我们调用这个名叫 descriptor 的属性时，这个客户端类将遵循描述符协议。但是，现在需要做什么？所有这些是如何在运行时就位的？

通常，当我们有一个常规类并访问它的属性时，我们只需要像所预期的那样获取对象甚至它们的属性，如下所示：

```
>>> class Attribute:
...     value = 42
...
>>> class Client:
...     attribute = Attribute()
...
>>> Client().attribute
<__main__.Attribute object at 0x7ff37ea90940>
>>> Client().attribute.value
42
```

但是，在描述符的情况下，发生了一些不同的事情。当一个对象被定义为一个类属性（这个是一个 descriptor）时，如果一个 client 请求这个属性，这时获得的不是对象本身（正如我们在前面示例中所期望的那样），我们得到的是调用了__get__魔法方法的结果。

让我们从一些简单的代码开始，它只记录关于上下文的信息，并返回相同的 client 对象：

```
class DescriptorClass:
    def __get__(self, instance, owner):
        if instance is None:
            return self
        logger.info("Call: %s.__get__(%r, %r)",
        self.__class__.__name__,instance, owner)
        return instance


class ClientClass:
    descriptor = DescriptorClass()
```

当运行这段代码并请求 ClientClass 实例的 descriptor 属性时，我们会发现，实际上并没有得到 DescriptorClass 的一个实例，而是得到了它的__get__()方法返回的结果：

```
>>> client = ClientClass()
>>> client.descriptor
```

```
INFO:Call: DescriptorClass.__get__(<ClientClass object at 0x...>, <class
'ClientClass'>)
<ClientClass object at 0x...>
>>> client.descriptor is client
INFO:Call: DescriptorClass.__get__(ClientClass object at 0x...>, <class
'ClientClass'>)
True
```

注意被放置在__get__方法下的日志行是如何被调用的，它不是仅仅返回所创建的对象。在本示例中，我们让该方法返回 client 本身，因此对上一条语句进行了比较。我们将在 6.1.2 节详细研究每种方法时更具体地解释该方法的参数。

从这个简单但具有示范意义的示例开始，我们可以创建更复杂的抽象和更好的装饰器，因为我们有了一个新的（强大的）工具。注意，这将以一种完全不同的方式改变程序的控制流。使用这个工具，我们可以抽象出__get__方法背后的各种逻辑，并使 descriptor 透明地运行各种转换，而客户端甚至不会注意到。这将封装提升到了一个新的水平。

6.1.2　研究描述符协议中的每个方法

到目前为止，我们看到了相当多的描述符示例，并且了解了它们是如何工作的。这些示例让我们初步了解了描述符的强大功能，但是你可能想知道一些实现细节和习惯用法，而这是我们没有解释清楚的。

由于描述符只是对象，因此这些方法将 self 作为第一个参数。对于所有这些方法，这仅仅意味着 descriptor 对象本身。

在本节中，我们将详细研究描述符协议的每个方法，解释每个参数的含义以及它们各自的用途。

1.　__get__(self, instance, owner)

该方法的第一个参数 instance，引用调用 descriptor 的对象。在第一个示例中，指的是 client 对象。

owner 参数是对该对象的类的引用，在示例中，指的是 ClientClass。

综上所述，在__get__签名中名为 instance 的参数是描述符对其采取操作的对象，而 owner 是 instance 的类。你可能会想，既然所有类都可以直接从 instance (owner = instance.

__class__）中获取，那么为什么要这样定义签名呢？当 descriptor 从类中（ClientClass）调用，而不是从实例中（client）调用时，存在一个极端情况，instance 的值为 None，但在这种情况下，我们可能仍然希望进行一些处理。

通过下面的简单代码，我们可以演示从类和实例中调用描述符时的不同。在本示例中，对于每种情况，__get__ 方法都做两件单独的事情。

```python
# descriptors_methods_1.py

class DescriptorClass:
    def __get__(self, instance, owner):
        if instance is None:
            return f"{self.__class__.__name__}.{owner.__name__}"
        return f"value for {instance}"

class ClientClass:

    descriptor = DescriptorClass()
```

当我们直接从 ClientClass 调用它时，它会用类的名称组成一个名称空间：

```
>>> ClientClass.descriptor
'DescriptorClass.ClientClass'
```

然后，如果我们从创建的对象中调用它，它会返回另一条消息：

```
>>> ClientClass().descriptor
'value for <descriptors_methods_1.ClientClass object at 0x...>'
```

通常，除非我们真的需要对 owner 参数做些什么，否则最常见的习惯用法是，当实例为 None（instance is None）时，只返回描述符本身。

2. __set__(self, instance, value)

该方法在试图为 descriptor 赋值时将被调用。它由以下语句激活，其中描述符是实现了 __set__()方法的对象。在本示例中，instance 参数是 client，value 参数是 "value" 字符串：

```python
client.descriptor = "value"
```

如果 client.descriptor 没有实现__set__()，那么"value" 将完全覆盖该 descriptor。

 在为描述符属性赋值时要小心。请确保它实现了__set__方法，并且我们没有造成不希望的副作用。

默认情况下，此方法最常用的用途就是将数据存储到对象中。然而，到目前为止，我们看到了描述符的强大之处，因此可以利用它们，例如，要创建通用的可以应用多次（重申一下，如果我们不使用抽象，可能会重复多次使用 setter 方法的属性）的验证对象。

下面的代码说明了我们如何利用这个方法来为属性创建通用的 validation 对象，这些属性可以在赋值给对象之前使用函数动态地创建验证值：

```python
class Validation:

    def __init__(self, validation_function, error_msg: str):
        self.validation_function = validation_function
        self.error_msg = error_msg

    def __call__(self, value):
        if not self.validation_function(value):
            raise ValueError(f"{value!r} {self.error_msg}")

class Field:

    def __init__(self, *validations):
        self._name = None
        self.validations = validations

    def __set_name__(self, owner, name):
        self._name = name

    def __get__(self, instance, owner):
        if instance is None:
            return self
        return instance.__dict__[self._name]

    def validate(self, value):
        for validation in self.validations:
            validation(value)

    def __set__(self, instance, value):
        self.validate(value)
        instance.__dict__[self._name] = value

class ClientClass:
    descriptor = Field(
        Validation(lambda x: isinstance(x, (int, float)), "is not a
        number"),
```

```
        Validation(lambda x: x >= 0, "is not >= 0"),
    )
```

我们可以在下面的代码中看到这个对象的运行情况：

```
>>> client = ClientClass()
>>> client.descriptor = 42
>>> client.descriptor
42
>>> client.descriptor = -42
Traceback (most recent call last):
    ...
ValueError: -42 is not >= 0
>>> client.descriptor = "invalid value"
...
ValueError: 'invalid value' is not a number
```

也就是说，我们通常放置在属性中的东西可以抽象为 descriptor，并多次重用它。在本示例中，__set__()方法将要执行的就是@property.setter 将要做的事情。

3. __delete__(self, instance)

该方法通过以下语句调用，在语句中 self 为 descriptor 属性，instance 为本例中的 client 对象：

```
>>> del client.descriptor
```

在下面的示例中，我们用此方法创建 descriptor，以防在没有所需管理权限的情况下从对象中删除属性。注意，在这种情况下，descriptor 的逻辑是如何用它所使用的对象（而不是用不同的相关对象）的值进行断言的。

```
# descriptors_methods_3.py

class ProtectedAttribute:
    def __init__(self, requires_role=None) -> None:
        self.permission_required = requires_role
        self._name = None

    def __set_name__(self, owner, name):
        self._name = name

    def __set__(self, user, value):
        if value is None:
```

```
            raise ValueError(f"{self._name} can't be set to None")
        user.__dict__[self._name] = value

    def __delete__(self, user):
        if self.permission_required in user.permissions:
            user.__dict__[self._name] = None
        else:
            raise ValueError(
                f"User {user!s} doesn't have {self.permission_required} "
                "permission"
            )

class User:
    """Only users with "admin" privileges can remove their email
address."""

    email = ProtectedAttribute(requires_role="admin")

    def __init__(self, username: str, email: str, permission_list: list =
None) -> None:
        self.username = username
        self.email = email
        self.permissions = permission_list or []

    def __str__(self):
        return self.username
```

在查看这个对象如何工作的示例之前，有必要说明这个描述符的一些标准。注意 User
类需要 username 和 email 作为强制参数。根据它的**__init__**方法，如果没有 email 属性，
它就不能成为用户。如果我们要删除该属性，并将其从对象中完全提取出来，那么将创
建一个不一致的对象，其中包含一些与 User 类定义的接口不对应的无效中间状态。为了
避免这一问题，我们应着重关注这样的细节。其他一些对象期望与该 User 一起工作，还
希望它有一个 email 属性。

出于这个原因，我们决定把电子邮件的“删除”设置简单地设置为 None，如前文代
码清单中的粗体字部分。出于同样的原因，我们必须禁止别人为它设置一个 None 值，
因为这将绕过我们放置在**__delete__**方法中的机制。

在这里，我们可以看到它的作用，假设只有具有“admin”特权的用户可以删除他们
的电子邮件地址：

```
>>> admin = User("root", "root@d.com", ["admin"])
>>> user = User("user", "user1@d.com", ["email", "helpdesk"])
>>> admin.email
'root@d.com'
>>> del admin.email
>>> admin.email is None
True
>>> user.email
'user1@d.com'
>>> user.email = None
...
ValueError: email can't be set to None
>>> del user.email
...
ValueError: User user doesn't have admin permission
```

在这个简单的 descriptor 中，我们可以从只包含 "admin" 权限的用户中删除电子邮件。对于其余部分，如果对该属性调用 del，将得到一个 ValueError 异常。

通常，描述符的这种方法不像前两种方法那样常用，但是为了完整起见，还是值得展示的。

4. __set_name__(self, owner, name)

在将要使用的类中创建 descriptor 对象时，我们通常需要 descriptor 知道所要处理的属性的名称。

这个属性的名称是一般分别从__get__和__set__方法的__dict__读取和写入时要使用的。

在 Python 3.6 之前，描述符不能自动接收这个名称，所以最常见的方法是在初始化对象时直接传递它。这可以很好地工作，但是它有一个问题，每次我们想要为一个新属性使用描述符时，都需要复制名称。

如果没有这个方法，这将是一个典型的 descriptor：

```
class DescriptorWithName:
    def __init__(self, name):
        self.name = name

    def __get__(self, instance, value):
        if instance is None:
            return self
        logger.info("getting %r attribute from %r", self.name, instance)
```

```
        return instance.__dict__[self.name]

    def __set__(self, instance, value):
        instance.__dict__[self.name] = value

class ClientClass:
    descriptor = DescriptorWithName("descriptor")
```

我们可以看到 descriptor 如何使用这个值:

```
>>> client = ClientClass()
>>> client.descriptor = "value"
>>> client.descriptor
INFO:getting 'descriptor' attribute from <ClientClass object at 0x...>
'value'
```

现在，如果我们想要避免编写属性的名称两次（一次为了在类内部分配的变量，另一次作为描述符的第一个参数的名称），就必须采取一些技巧，例如使用一个装饰器类，（甚至更糟）或使用元类。

在 Python 3.6 中，添加了新的__set_name__方法，它接收创建描述符的类，以及为描述符指定的名称。最常见的习惯用法是将此方法用于描述符，以便将所需的名称存储在此方法中。

为了保证兼容性，在__init__方法中保留默认值通常是一个好主意，但是仍然要利用__set_name__。

使用这种方法，我们可以将之前的描述符重写如下:

```
class DescriptorWithName:
    def __init__(self, name=None):
        self.name = name

    def __set_name__(self, owner, name):
        self.name = name
    ...
```

6.2　描述符的类型

基于刚刚探索的方法，我们可以根据描述符的工作方式对它们进行重要的区分。理解这些区别对于有效地使用描述符非常重要，而且还有助于避免在运行时出现警告或常见错误。

如果描述符实现了__set__或__delete__方法，那么称其为数据描述符；否则，仅实现__get__方法的描述符就是非数据描述符。注意，__set_name__根本不影响这个分类。

当试图解析对象的属性时，数据描述符总是优先于对象的字典，而非数据描述符则不会。这意味着在非数据描述符中，如果对象的字典上有一个与描述符同名的键，那么这个键将始终被调用，而描述符本身将永远不会运行；相反，在数据描述符中，即使字典中有与描述符同名的键，也永远不会被使用，因为描述符本身总是会被调用。

我们将在下面两节中通过示例更详细地解释这一点，以便帮助你深入了解每种类型的描述符会带来什么。

6.2.1　非数据描述符

我们从一个 descriptor 开始（它只实现了__get__方法），看看它是如何使用的：

```
class NonDataDescriptor:
    def __get__(self, instance, owner):
        if instance is None:
            return self
        return 42


class ClientClass:
    descriptor = NonDataDescriptor()
```

和往常一样，如果请求 descriptor，就会得到它__get__方法的结果：

```
>>> client = ClientClass()
>>> client.descriptor
42
```

但是，如果将 descriptor 属性更改为其他属性，就会失去对这个值的访问权，而是获得分配给它的值：

```
>>> client.descriptor = 43
>>> client.descriptor
43
```

现在，如果删除 descriptor，并再次请求它，让我们看看得到了什么：

```
>>> del client.descriptor
```

```
>>> client.descriptor
42
```

让我们回顾一下刚刚发生的事。第一次创建 client 对象时，descriptor 属性位于类中，而不是实例中，所以如果我们请求 client 对象的字典，它将是空的：

```
>>> vars(client)
{}
```

请求.descriptor 属性时，它没有在 client.__dict__ 中叫作 descriptor 的方法中找到任何键，所以它会去搜索类，在那里它会找到键……但是仅仅作为一个描述符，因此它返回了__get__方法的结果。

然后，我们将.descriptor 属性的值更改为其他值，以便将其设置到 instance 的字典中，这意味着这次它不会是空的：

```
>>> client.descriptor = 99
>>> vars(client)
{'descriptor': 99}
```

因此，请求.descriptor 属性时，它会在对象中寻找键（这时它会发现键，因为在对象的__dict__属性中有一个叫作 descriptor 的键，就像 vars 的结果展示给我们的那样），并且返回这个键，而无须在类中寻找它。由于这个原因，描述符协议永远不会被调用，并且在再次请求这个属性时，将返回用 99 覆盖过的值作为代替。

然后，我们通过调用 del 来删除这个属性，以便从对象的字典中移除键 descriptor。让我们回到第一个场景，在第一个场景中，它将默认为将被激活的描述符协议的类：

```
>>> del client.descriptor
>>> vars(client)
{}
>>> client.descriptor
42
```

这意味着如果我们将 descriptor 的属性设置为其他值，可能会意外地破坏它。为什么？因为描述符不处理删除操作（其中一些不需要这么做）。

这被称为非数据描述符，因为它没有实现__set__魔法方法，就如同我们将在下一个示例中看到的一样。

6.2.2 数据描述符

现在，让我们看看使用数据描述符的区别。为此，我们将创建另一个实现了__set__方法的简单 descriptor：

```
class DataDescriptor:

    def __get__(self, instance, owner):
        if instance is None:
            return self
        return 42

    def __set__(self, instance, value):
        logger.debug("setting %s.descriptor to %s", instance, value)
        instance.__dict__["descriptor"] = value

class ClientClass:
    descriptor = DataDescriptor()
```

让我们看看 descriptor 的返回值是什么：

```
>>> client = ClientClass()
>>> client.descriptor
42
```

现在，让我们尝试将这个值更改为其他值，看看它会返回什么：

```
>>> client.descriptor = 99
>>> client.descriptor
42
```

descriptor 返回的值没有改变。但是当我们给它赋一个不同的值时，这个值必须被设置给对象的字典（和之前一样）：

```
>>> vars(client)
{'descriptor': 99}

>>> client.__dict__["descriptor"]
99
```

因此，这个__set__()方法被调用，并且它确实把值设置到对象的字典内，只是这一次，当我们请求这个属性时，它没有使用字典的__dict__属性，而是优先使用 descriptor

（因为它是重要的 descriptor）。

还有一件事，删除属性将不起作用：

```
>>> del client.descriptor
Traceback (most recent call last):
    ...
AttributeError: __delete__
```

原因如下，考虑到 descriptor 总是发生，调用对象上的 del 不会试图删除这个对象字典（__dict__）上的属性，而是试图调用 descriptor 的__delete__()方法（在这个例子中并没有实现，因此出现了属性错误）。

这是数据描述符和非数据描述符之间的区别。如果描述符实现了__set__()，那么无论对象的字典中出现什么属性，它都将始终处于优先级；如果不能实现此方法，则首先查找字典，然后运行描述符。

你可能注意到一个有趣的现象，就是 set 方法上的这一行：

```
instance.__dict__["descriptor"] = value
```

关于这一行有很多问题，让我们把它分成几个部分来分析。

首先，为什么只更改"descriptor"属性的名称？这只是这个例子的一个简化，但是，当它处理描述符时，它不知道分配给它的参数的名称，所以我们只使用这个例子中的一个，知道它将是"descriptor"。

在实际的示例中，你可以做以下两件事之一——要么作为参数接收名称并将其存储在 init 方法的内部，以便这个方法只使用内部属性，要么使用__set_name__方法。

为什么它直接访问实例的__dict__属性？这是另一个好问题，这至少有两种解释。首先，你可能会想为什么不只做以下事情呢？

```
setattr(instance, "descriptor", value)
```

请记住，当我们试图为 descriptor 属性赋值时，就会调用这个方法（__set__）。因此，使用 setattr()也将再次调用这个 descriptor，而这个描述符又将再次调用 setattr()，以此类推。这将以无限递归结束。

不要直接在__set__方法内的描述符上使用 setattr()或赋值表达式, 因为这会触发无限递归。

那么, 为什么描述符不能保留所有对象的属性值呢?

client 类已经有对描述符的引用。如果我们将描述符中的引用添加到 client 对象中, 我们将创建循环依赖, 并且这些对象永远不会进行垃圾回收。因为它们是相互指向的, 所以它们的引用计数永远不会低于移除的阈值。

这里一个可能的替代方法是通过 weakref 模块使用弱引用, 并创建一个弱引用键字典 (如果我们想这样做的话)。这个实现方式稍后将在本章中进行解释, 但是对于本书中的实现, 我们更推荐使用这个习惯用法, 因为它在编写描述符时相当常见, 并且是可以接受的。

6.3 描述符的实际应用

既然我们了解了描述符是什么、它们是如何工作的, 以及它们背后的主要思想是什么, 就可以了解它们的实际应用了。在本节中, 我们将探索一些可以通过描述符优雅地进行处理的情况。

在本节中, 我们将看一些描述符的用例, 还将讨论它们的实现因素 (不同的创建方法以及它们的优缺点), 最后讨论描述符最适合的场景是什么。

6.3.1 描述符的一种应用

我们将从一个简单的工作示例开始, 但这会导致一些代码重复。这时, 还不清楚这个问题将如何解决。稍后, 我们将设计一种将重复逻辑抽象为描述符的方法, 以解决重复问题——客户端类上的代码将大大减少。

1. 不使用描述符的第一次尝试

现在要解决的问题是, 我们有一个带有一些属性的常规类, 但是希望跟踪特定属性随着时间的推移所具有的所有不同值, 例如, 在列表中。我们想到的第一个解决方案是使用属性, 每次在属性的设值函数方法中改变该属性的值时, 我们都将其添加到一个内部列表中, 该列表将保留我们想要的跟踪。

假设类代表应用程序中一个当前城市中的旅行者，我们希望跟踪用户在程序运行期间访问过的所有城市。以下代码是一种可能的实现，可以满足这些需求：

```
class Traveller:

    def __init__(self, name, current_city):
        self.name = name
        self._current_city = current_city
        self._cities_visited = [current_city]

    @property
    def current_city(self):
        return self._current_city

    @current_city.setter
    def current_city(self, new_city):
        if new_city != self._current_city:
            self._cities_visited.append(new_city)
        self._current_city = new_city
    @property
    def cities_visited(self):
        return self._cities_visited
```

我们可以很容易地检查这段代码是否按照要求运行。

```
>>> alice = Traveller("Alice", "Barcelona")
>>> alice.current_city = "Paris"
>>> alice.current_city = "Brussels"
>>> alice.current_city = "Amsterdam"

>>> alice.cities_visited
['Barcelona', 'Paris', 'Brussels', 'Amsterdam']
```

到目前为止，这就是我们所需要的，其他的都不需要实现。对于这个问题，使用属性就足够了。如果我们在应用程序的多个位置需要完全相同的逻辑，会发生什么？这意味着这实际上是一个更普遍问题的实例——跟踪另一个属性中的所有值。如果想对其他属性做同样的操作，例如跟踪 Alice 购买的所有票，或者她去过的所有国家，会发生什么？我们必须在所有这些地方重复这个逻辑。

此外，如果在不同的类中需要相同的行为，会发生什么？我们不得不重复这些代码，或者给出一个通用的解决方案（可能是装饰器、属性构建器或描述符）。属性构建器是描述符的一种特殊情况（而且更加复杂），这超出了本书的范围，因此建议使用描述符作为一种更简洁的处理方法。

2. 习惯用法的实现

现在，我们看看如何用一个足够通用的描述符来解决上一节的问题——该描述符适用于任何类。同样，这个示例并不是真正需要的，因为需求没有详细说明这样的通用行为（我们甚至没有遵循创建抽象前要有 3 个类似实例的规则），它的作用是描述实际操作中的描述符。

不要实现描述符，除非有实际证据表明的确有要解决的重复问题，并且复杂性已经被证明是有效的。

现在，我们将创建一个通用的描述符，给定属性的名称来保持对另一个属性的跟踪，该描述符将在列表中存储属性的不同值。

正如前文提到的，代码已经超出了解决问题的需要，但是在这种情况下，它的目的只是为了展示描述符如何帮助我们。鉴于描述符的一般性质，你将注意到，描述符上的逻辑（方法和属性的名称）与当前的领域问题（旅行者对象）无关。这是因为描述符的宗旨是能够用于任何类型的类，有可能是在不同的项目中以相同的结果使用它。

为弥补这方面的不足，我们在代码的某些部分加了注解，并分别解释每一部分的内容（它的功能以及它与原问题的关系），具体如下。

```python
class HistoryTracedAttribute:
    def __init__(self, trace_attribute_name) -> None:
        self.trace_attribute_name = trace_attribute_name # [1]
        self._name = None

    def __set_name__(self, owner, name):
        self._name = name

    def __get__(self, instance, owner):
        if instance is None:
            return self
        return instance.__dict__[self._name]

    def __set__(self, instance, value):
        self._track_change_in_value_for_instance(instance, value)
```

```
                instance.__dict__[self._name] = value

        def _track_change_in_value_for_instance(self, instance, value):
            self._set_default(instance) # [2]
            if self._needs_to_track_change(instance, value):
                instance.__dict__[self.trace_attribute_name].append(value)

        def _needs_to_track_change(self, instance, value) -> bool:
            try:
                current_value = instance.__dict__[self._name]
            except KeyError: # [3]
                return True
            return value != current_value # [4]

        def _set_default(self, instance):
            instance.__dict__.setdefault(self.trace_attribute_name, []) # [6]

    class Traveller:

        current_city = HistoryTracedAttribute("cities_visited") # [1]

        def __init__(self, name, current_city):
            self.name = name
            self.current_city = current_city # [5]
```

关于代码的一些注解和评论如下（下列的数字对应于前面代码中的数字注解）。

（1）属性的名称是分配给 descriptor 的变量之一，在本示例中是 current_city。我们将变量的名称传递给 descriptor，它将在其中存储对 descriptor 变量的跟踪。在本示例中，我们告诉对象跟踪 current_city 在名为 cities_visited 的属性中拥有的所有值。

（2）第一次调用 descriptor 时，在 init 中，跟踪值的属性将不存在，在这种情况下，我们将其初始化到空列表中，以便稍后向其追加值。

（3）在 init 方法中，属性 current_city 的名称也不存在，因此我们也想跟踪这个更改。这个和前面示例中使用第一个值初始化列表的操作是等值的。

（4）仅当新值与当前设置的值不同时跟踪更改。

（5）在 init 方法中，descriptor 已经存在，这个赋值指令触发步骤（2）（创建空列表来开始跟踪它的值）和步骤（3）（将值追加到这个列表中，并将其设置为对象中的键，以便稍后检索）中的操作。

（6）字典中的 setdefault 方法用于避免一个 KeyError。在这种情况下，对于那些仍然不可用的属性将返回一个空列表。

不可否认，descriptor 中的代码确实相当复杂，而 client 类中的代码要简单得多。当然，这种平衡只有在我们将多次使用这个描述符时才有效，这是我们已经讨论过的一个问题。

此时，你可能仍然不太清楚的是"描述符确实完全独立于 client 类"。这意味着其中没有任何关于业务逻辑的内容。这使得它非常适用于任何其他类；即使做了完全不同的事情，描述符也会产生相同的效果。

这是描述符真正的 Python 性质，即更适用于定义库、框架或内部 API，而不适用于业务逻辑。

6.3.2　实现描述符的不同形式

我们必须首先理解的一个常见问题是，在考虑实现描述符的方法之前，要理解特定于描述符的性质。我们先讨论全局共享状态的问题，然后继续研究在考虑这一点的同时可以实现描述符的不同方法。

1．全局共享状态的问题

正如前文提到的，描述符需要设置为类属性才能奏效。这在大多数情况下应该不是一个问题，但确实伴随着一些需要考虑的警告。

类属性的问题是，它们在该类的所有实例之间共享。描述符在这里也不例外，所以如果我们试图将数据保存在 descriptor 对象中，请记住它们都可以访问相同的值。

让我们看看错误地定义了一个 descriptor 来保存数据本身（而不是将其存储在每个对象中）会发生什么：

```
class SharedDataDescriptor:
    def __init__(self, initial_value):
        self.value = initial_value

    def __get__(self, instance, owner):
        if instance is None:
```

```
            return self
        return self.value

    def __set__(self, instance, value):
        self.value = value

class ClientClass:
    descriptor = SharedDataDescriptor("first value")
```

在本示例中，descriptor 对象本身存储数据。这样带来的不便是，当修改一个 instance 的值时，同样类的所有其他实例也会用这个值进行修改，示例如下：

```
>>> client1 = ClientClass()
>>> client1.descriptor
'first value'

>>> client2 = ClientClass()
>>> client2.descriptor
'first value'

>>> client2.descriptor = "value for client 2"
>>> client2.descriptor
'value for client 2'

>>> client1.descriptor
'value for client 2'
```

请注意上述代码是如何更改一个对象的。突然间，所有对象来自同一个类，而且我们可以看到这个值得到了反映。这是因为 ClientClass.descriptor 是唯一的，它们的对象都是同一个。

在某些情况下，这可能是我们真正想要的（例如，如果要创建一个 Borg 模式实现，我们想通过一个类将状态分享给所有对象），但总的来说，情况并非如此，我们需要区分对象间的差别。关于这种模式的内容参见第 9 章。

为了实现这一点，描述符需要知道每个 instance 的值并相应地返回它。这就是为什么我们一直使用每个 instance 的字典（__dict__）进行操作，并从其中设置和检索值。

这是最常见的方法。我们已经讨论了不能在这些方法上使用 getattr() 和 setattr() 的原因，所以修改 __dict__ 属性是最后一个标准选择，在本示例中，这是可以接受的。

2．访问对象的字典

在本书中，我们实现描述符的方法是让 descriptor 对象将值存储在对象的字典 __dict__ 中，并从中检索参数。

 始终存储并返回来自实例的 __dict__ 属性的数据。

3．使用弱引用

另一种选择（如果不想使用 __dict__）是，在内部映射中，让 descriptor 对象跟踪每个实例本身的值，并从这个映射返回值。

不过，有一个警告。这个映射不能只是任何字典。由于 client 类有对描述符的引用，而现在描述符将保持对使用它的对象的引用，这将创建循环依赖，因此，这些对象将永远不会进行垃圾回收，因为它们是相互指向的。

为了解决这个问题，字典必须是一个弱键，就像 weakref 模块（WEAKREF 01）中定义的那样。

在本示例中，descriptor 的代码可能如下所示：

```
from weakref import WeakKeyDictionary

class DescriptorClass:
    def __init__(self, initial_value):
        self.value = initial_value
        self.mapping = WeakKeyDictionary()

    def __get__(self, instance, owner):
        if instance is None:
            return self
        return self.mapping.get(instance, self.value)

    def __set__(self, instance, value):
        self.mapping[instance] = value
```

上述代码解决了问题，但也存在一些值得考虑的地方。

（1）对象不再保存它们的属性，而是由描述符保存。这是有争议的，从概念的角度来看，可能并不完全准确。如果我们忘记了这个细节，可能会通过检查对象的字典询问对象，试图找到不存在的东西（例如，调用 vars(client)不会返回完整的数据）。

（2）对这些对象提出了要求，要求这些对象必须是散列的。如果这些对象不是散列的，就不能成为映射的一部分。对于某些应用程序来说，这可能要求过高了。

综合这些原因，我们更喜欢本书迄今为止所展示的实现，它在每个实例中都使用了字典。不过，为了完整起见，我们还是展示了这个替代方案。

6.3.3　关于描述符的更多考虑

在这里，我们将讨论一些对描述符的一般考虑，当它是一个好的选择时我们能用它做什么，还有我们最初设想的通过另一种方法解决的事情是如何通过描述符得到改进的。然后，我们将分析原始实现与使用描述符之后的实现的优缺点。

1．重用代码

描述符是一个通用工具，并且是一个强大的抽象，我们可以用它避免代码重复。决定何时使用描述符的最佳方法是确定将在哪些情况下使用属性（无论是用于其 get 逻辑、set 逻辑，还是两者都使用），但是要多次重复其结构。

属性只是描述符的一种特殊情况（@property 装饰器是一个描述符，它实现了完整的描述符协议来定义它们的 get、set 和 delete 操作），这意味着我们可以对更复杂的任务使用描述符。

另一种重用代码的强大类型是装饰器，如第 5 章中所述。描述符通过确保装饰器也能够正确地工作于类方法中，可以帮助我们创建更好的装饰器。

当涉及装饰器时，我们可以说总是在装饰器上实现__get__()方法是安全的，并且还可以将其作为描述符。在决定是否值得创建装饰器时，请考虑我们在第 5 章中提到的 3 个问题规则，但是请注意，这里没有对描述符进行额外的考虑。

至于通用的描述符，除了之前提到的 3 个适用于装饰器（一般来说，任何可复用组件）的实例规则，建议也请记住，如果想定义一个内部 API，你应该使用描述符，客户端将使用这些代码。这是一个面向功能的库和框架设计，而不是一次性解决方案。

除非有很好的理由，或者代码看起来会有显著优化，其他时候我们应该避免将业务逻

辑放在描述符中。描述符的代码应当包含更多的实现代码,而不是业务代码。这更类似于
定义一个新的数据结构或对象,业务逻辑的另一部分将用该数据结构或对象作为工具。

通常,描述符将包含实现逻辑,而不是太多的业务逻辑。

2. 避免类修饰符

如果我们回想一下在第 5 章中使用的类装饰器(用于确定一个事件对象将如何被序
列化),最终会得到一个依赖于两个类装饰器的实现方式(对于 Python 3.7+):

```
@Serialization(
    username=show_original,
    password=hide_field,
    ip=show_original,
    timestamp=format_time,
)
@dataclass
class LoginEvent:
    username: str
    password: str
    ip: str
    timestamp: datetime
```

第一个函数通过从注释中获取属性声明变量,第二个函数则定义如何处理每个文件。
让我们看看是否可以将这两个装饰器改为描述符。

具体思路是创建一个描述符,它将对每个属性的值应用转换,并根据需求返回修改
后的版本(例如,隐藏敏感信息并正确格式化日期):

```
from functools import partial
from typing import Callable

class BaseFieldTransformation:

    def __init__(self, transformation: Callable[[], str]) -> None:
        self._name = None
        self.transformation = transformation

    def __get__(self, instance, owner):
        if instance is None:
```

```
            return self
        raw_value = instance.__dict__[self._name]
        return self.transformation(raw_value)

    def __set_name__(self, owner, name):
        self._name = name

    def __set__(self, instance, value):
        instance.__dict__[self._name] = value

ShowOriginal = partial(BaseFieldTransformation, transformation=lambda x: x)
HideField = partial(
    BaseFieldTransformation, transformation=lambda x: "**redacted**"
)
FormatTime = partial(
    BaseFieldTransformation,
    transformation=lambda ft: ft.strftime("%Y-%m-%d %H:%M"),
)
```

这个 descriptor 很有趣。它是用一个函数创建的——该函数接收一个参数并返回一个值。这就是我们想要应用到字段中的变换函数。基础函数定义了方法将如何工作，其余的 descriptor 类被定义，只需简单更改每个类所需的特定函数。

这个示例使用了 functools.partial 作为一种模拟子类的方法，通过为该类应用转换函数的部分应用程序，留下一个可以直接实例化的新的可调用函数。

为了保持示例的简单性，我们将实现__init__()和 serialize()方法，尽管它们也可以抽象。根据这些考虑，事件的类将定义如下：

```
class LoginEvent:
    username = ShowOriginal()
    password = HideField()
    ip = ShowOriginal()
    timestamp = FormatTime()

def __init__(self, username, password, ip, timestamp):
    self.username = username
    self.password = password
    self.ip = ip
    self.timestamp = timestamp

def serialize(self):
    return {
```

```
            "username": self.username,
            "password": self.password,
            "ip": self.ip,
            "timestamp": self.timestamp,
        }
```

我们可以看到对象在运行时的行为：

```
>>> le = LoginEvent("john", "secret password", "1.1.1.1",
datetime.utcnow())
>>> vars(le)
{'username': 'john', 'password': 'secret password', 'ip': '1.1.1.1',
'timestamp': ...}
>>> le.serialize()
{'username': 'john', 'password': '**redacted**', 'ip': '1.1.1.1',
'timestamp': '...'}
>>> le.password
'**redacted**'
```

与之前使用装饰器的实现相比，有一些不同之处。这个示例添加了 serialize() 方法，并在将字段呈现到其生成的字典之前隐藏了这些字段，任何时候我们想获取内存中事件实例的属性时，它仍然会带给我们原来的价值，在它上面没有应用任何转换（我们可以选择在设置值时应用转换，并直接在 __get__ () 上返回它）。

根据应用程序的敏感性，这可能是可接受的，也可能是不可接受的，但是在本示例中，当我们请求对象的 public 属性时，描述符将在显示结果之前应用转换函数。当然，仍然可以通过请求对象的字典来访问原始值（通过访问 __dict__），但是当我们请求值时，默认情况下，它将返回转换后的值。

在本示例中，所有描述符都遵循一个在基类中定义的公共逻辑。描述符应该将值存储在对象中，然后应用它定义的转换函数请求它。我们可以创建一个类层次结构，每个类定义自己的转换函数，以模板方法设计模式工作的方式。在本示例中，派生类中的更改相对较小（只有一个函数），因此我们选择创建派生类作为基类的部分应用程序。创建任何新的转换字段都应该像定义一个作为基类的新类一样简单，这个基类部分应用于我们需要的函数。这甚至可以临时完成，因此可能不需要为它设置名称。

不管这种实现是什么，关键之处在于，描述符是对象，因此我们可以创建模型，并将面向对象编程的所有规则应用于这些模型。设计模式也适用于描述符。我们可以定义层次结构、设置自定义行为,等等。本示例遵循 OCP 原则(见第 4 章),因为添加新类型的转换方法就是创建一个新类,该类是从具有所需函数的基类中派生而来的,不必修改基类本身。(公平地说,之前通过装饰器实现的方式也是符合 OCP 原则的,但各个转换机制没有涉及类。)

举个例子,我们创建了一个实现了__init__()和 serialize()方法的基类,这样就可以通过从这个基类派生来定义 LoginEvent 类,如下所示:

```
class LoginEvent(BaseEvent):
    username = ShowOriginal()
    password = HideField()
    ip = ShowOriginal()
    timestamp = FormatTime()
```

一旦我们实现了这段代码,类看起来就更整洁了。该类只定义了所需的属性,并且可以通过查看每个属性的类快速分析它的逻辑。基类只抽象公共方法,这样每个事件的类看起来会更简单、更紧凑。

不但每个事件的类看起来很简单,而且描述符本身也非常紧凑,比类装饰器简单得多。最初使用类装饰器的实现很好,但是描述符使它变得更好。

6.4　分析描述符

我们了解了描述符是如何工作的,并探索了一些有趣的情况。在这些情况下,描述符通过简化逻辑和利用更紧凑的类使得设计更加简洁。

到目前为止,我们知道通过使用描述符可以实现更清晰的代码,抽象出重复的逻辑和实现细节。但是,怎么知道描述符的实现是整洁和正确的呢?什么是好的描述符?我们是正确使用了这个工具,还是滥用了它?

在本节中,我们将分析描述符,以回答上述问题。

6.4.1　Python 内部如何使用描述符

什么是一个好的描述符?一个简单的答案是:一个好的描述符与任何其他好的Python 对象非常相似。它与 Python 本身是一致的。遵循这一前提的思想是,分析

Python 如何使用描述符为我们提供一个很好的实现思想，这样我们就知道应该从所编写的描述符中期望得到什么。

我们将看到最常见的场景，其中 Python 本身使用描述符来处理其内部逻辑的某些部分，还将发现优雅的描述符，而且它们始终是显而易见的。

1. 函数和方法

对于描述符对象，最能引起共鸣的情况可能是函数。函数实现了 __get__ 方法，因此当在类中定义时，可以作为方法使用。

方法只是带有额外参数的函数。按照约定，方法的第一个参数被命名为 self，用于表示方法所定义的类的一个实例。也就是说，无论方法对 self 做什么，都将与接收对象并对其进行修改的任何其他函数相同。

换句话说，如下定义：

```
class MyClass:
    def method(self, ...):
        self.x = 1
```

实际上等同于：

```
class MyClass: pass

def method(myclass_instance, ...):
    myclass_instance.x = 1

method(MyClass())
```

因此，它只是可以修改对象的另一个函数，只不过是在类中定义的，并被绑定到对象。

用如下形式进行调用时：

```
instance = MyClass()
instance.method(...)
```

实际上，Python 做的事情与此类似：

```
instance = MyClass()
MyClass.method(instance, ...)
```

注意，这只是 Python 内部处理的语法转换，是通过描述符实现的。

由于函数在调用方法之前实现描述符协议（参见下面的代码），因此首先调用的是__get__()方法，并且在运行内部可调用的代码之前会进行一些转换：

```
>>> def function(): pass
...
>>> function.__get__
<method-wrapper '__get__' of function object at 0x...>
```

也就是说，在 instance.method(…)语句中，在处理括号内可调用的所有参数之前，就已经对"instance.method"部分进行了评估。

因为 method 是一个定义为类属性的对象，并且有一个__get__方法，所以调用它。它所做的是将 function 转换为方法，这意味着将可调用部分绑定到所要处理的对象的实例上。

让我们来看一个示例，这样就可以了解 Python 内部都做了些什么。

我们将在类中定义一个可调用的对象，以此作为想要定义的某个要在外部调用的函数或方法。Method 类的实例应该是要在另一个类中使用的函数或方法。该函数只打印它的 3 个参数——接收到的 instance（这将是它正在定义的类的 self 参数），以及另外两个参数。请注意，在__call__()方法中，self 参数不代表 MyClass 的 instance，而是 Method 类的实例。名为 instance 的参数是对象的 MyClass 类型：

```
class Method:
    def __init__(self, name):
        self.name = name

    def __call__(self, instance, arg1, arg2):
        print(f"{self.name}: {instance} called with {arg1} and {arg2}")

class MyClass:
    method = Method("Internal call")
```

基于这些考虑，在创建对象之后，根据前面的定义，以下两个调用应该是等价的：

```
instance = MyClass()
Method("External call")(instance, "first", "second")
instance.method("first", "second")
```

然而，只有第一个调用如期工作，第二个给出了一个错误：

```
Traceback (most recent call last):
File "file", line , in <module>
```

```
    instance.method("first", "second")
TypeError: __call__() missing 1 required positional argument: 'arg2'
```

我们看到了一个在第 5 章中遇到过的相同错误：参数被向左移动了一位，instance
代替了 self，arg1 将是 instance，并且在这个时候没有什么可提供给 arg2 了。

为了解决这个问题，我们需要使 Method 成为一个描述符。

这样，在调用 instance.method 时，我们将先调用它的__get__()方法，并在其上相应
地绑定这个可调用的对象（绕过对象作为第一个参数），然后继续：

```
from types import MethodType

class Method:
    def __init__(self, name):
        self.name = name

    def __call__(self, instance, arg1, arg2):
        print(f"{self.name}: {instance} called with {arg1} and {arg2}")

    def __get__(self, instance, owner):
        if instance is None:
            return self
        return MethodType(self, instance)
```

现在，这两个调用都像预期的那样工作了：

External call: <MyClass object at 0x...> called with fist and second
Internal call: <MyClass object at 0x...> called with first and second

我们所做的是通过 types 模块中的 MethodType 将 function（实际上是所定义的可调
用对象）转换为方法。该类的第一个参数应该是可调用的（在本例中，self 根据定义是
一个参数，因为它实现了__call__），第二个参数是绑定这个函数的对象。

与此类似的是函数对象在 Python 中使用的东西，因此当它们在类中定义时，可以作
为方法使用。

由于这是一个非常优雅的解决方案，因此在定义对象时，我们有必要将其作为 Python
方法来研究并牢记。例如，如果我们要定义可调用函数，最好也将其作为描述符，这样
就可以在类中将其作为类属性使用。

2. 方法的内置装饰器

通过查看官方文档（PYDESCR-02），你可能已经知道，所有@property、@classmethod 和@staticmethod 的装饰器都是描述符。

前文多次提到，当直接从类中调用描述符时，习惯用法使得描述符返回其本身。因为属性实际上是描述符，这就是为什么从类中请求属性时，我们没有得到计算属性的结果，而是得到了整个 property object：

```
>>> class MyClass:
... @property
... def prop(self): pass
...
>>> MyClass.prop
<property object at 0x...>
```

对于类方法，描述符中的__get__函数将确保类是传递给被修饰函数的第一个参数，不管它是直接从类调用还是从实例调用。对于静态方法，它将确保除了函数定义的参数之外没有其他参数被绑定，也就是说，撤销由__get__()对函数执行的绑定（该函数将 self 作为其第一个参数）。

举个例子，我们创建了一个@classproperty 装饰器，它与常规的@property 装饰器类似，但是用于类。有了这样一个装饰器，下面的代码应该能正常运行了：

```
class TableEvent:
    schema = "public"
    table = "user"

    @classproperty
    def topic(cls):
        prefix = read_prefix_from_config()
        return f"{prefix}{cls.schema}.{cls.table}"

>>> TableEvent.topic
'public.user'

>>> TableEvent().topic
'public.user'
```

3. 槽

当一个类定义了__slots__属性时，它可以包含该类所期望的所有属性，仅此而已。

若动态地向定义了__slot__的类添加额外的属性，则将导致 AttributeError 异常。通过定义上述属性，类变成了静态的，就不会有一个可以动态添加更多对象的__dict__属性。

那么，如果不从对象的字典中检索属性，该如何检索它的属性呢？答案是通过用描述符检索。槽中定义的每个名称都有自己的描述符，用于存储值，以便以后检索：

```python
class Coordinate2D:
    __slots__ = ("lat", "long")

    def __init__(self, lat, long):
        self.lat = lat
        self.long = long

    def __repr__(self):
        return f"{self.__class__.__name__}({self.lat}, {self.long})"
```

虽然这是一个有趣的特性，但必须谨慎使用，因为它消除了 Python 的动态特性。一般来说，这应该只预留给我们知道是静态的对象，并且我们十分确定没有在代码的其他部分动态地向它们添加任何属性。

这样做的好处是，用槽定义的对象使用的内存更少，因为它们只需要用一组固定的字段来保存值，而不需要整个字典。

6.4.2 在装饰器中实现描述符

现在，我们了解了 Python 如何在函数中使用描述符才能在类中定义它们时作为方法工作。我们还看到了一些示例，通过使用接口的__get__()方法让装饰器调整调用它的对象，从而使装饰器符合描述符协议。这就解决了装饰器的问题，就像 Python 解决对象中函数作为方法的问题一样。

以这种方式调整装饰器的一般方法是在其上实现__get__()方法并使用 types.MethodType 将可调用的函数（装饰器本身）转换为方法，这个方法是绑定到它正在接收的对象上的（由__get__接收的 instance 参数）。

　　为了实现这一点，我们必须将装饰器实现为一个对象。因为如果不这样的话，假设我们使用一个函数，这个函数将已经有一个__get__()方法，该方法将执行一些不同的操作，除非我们对其进行调整，否则它将无法工作。更简洁的方法是为装饰器定义一个类。

　　在定义要应用于类方法的装饰器时使用装饰器类，并在其上实现__get__()方法。

6.5　小结

　　描述符是 Python 中一个更高级的特性，它突破了元编程的边界。描述符最有趣的一个方面是如何非常清楚地表明 Python 中的类只是普通对象，因此，它们具有属性，可供我们与之交互。从这个意义上说，描述符是类可以拥有的最有趣的属性类型，因为它的协议有助于实现更高级的面向对象设计。

　　我们已经看到了描述符的机制、方法，以及所有这些是如何结合在一起的，从而让面向对象的软件设计更为有趣。通过理解描述符，我们能够创建强大的抽象，生成整洁紧凑的类。我们了解了如何修复想要应用于函数和方法的装饰器、很多关于 Python 内部如何工作的知识，以及描述符如何在语言的实现中扮演如此核心和关键的角色。

　　关于描述符在 Python 内部是如何使用的探索应该作为一种参考，以确定在代码中描述符的良好用法，并以实现惯用解决方案为目标。

　　尽管描述符代表了对我们有利的所有强大选项，但我们必须记住何时正确地使用它们，而不要过度设计。我们建议为真正通用的情况保留描述符的功能，例如内部开发 API、库或框架的设计。另一个重要考虑是，通常，我们不应该将业务逻辑放在描述符中，而是将实现技术功能的逻辑放在包含业务逻辑的其他组件中使用。

　　谈到高级功能，第 7 章还将讨论一个有趣而深入的主题：生成器。从表面上看，生成器相当简单（大多数人可能已经熟悉了），但它们与描述符的共同点是，它们也可以很复杂，产生更高级和优雅的设计，并使 Python 成为一种独特的语言。

第 7 章
使用生成器

生成器是 Python 区别于其他传统语言的另一个特性。在本章中，我们将探索生成器的基本原理、在 Python 中引入生成器的原因，以及生成器所能解决的问题。我们还将介绍如何通过生成器解决问题，以及如何使生成器（或任何可迭代的生成器）具有 Python 风格。

我们将了解为什么 Python 语言自动支持迭代（以迭代器模式的形式），并在此基础上探究生成器是如何成为 Python 的基本特性的，以便支持其他功能（如协同程序和异步编程）。

通过学习本章的内容，你应能创建提高程序性能的生成器；研究迭代器（尤其是迭代器模式）是如何深深地嵌到 Python 中的；解决涉及迭代的问题；了解生成器作为协同程序和异步编程的基础是如何工作的；探索对协同程序的语法支持——yield from、wait 和 async def。

7.1 技术要求

本章中的示例可以在任何平台的 Python 3.6 的任何版本中运行。

本章使用的代码可以在异步社区官方网站下载，说明可以在 README 文件中找到。

7.2 创建生成器

Python 很早就引入了生成器（PEP-255），旨在 Python 中引入迭代，同时（通过使用更少的内存）提升程序的性能。

使用生成器是为了创建一个可迭代的对象，在迭代过程中，每次生成一个包含的元素。生成器的主要用途是保存内存——不是在内存中有一个一次保存所有内容的巨大元素列表，而是有一个对象，它知道如何根据需要一次生成一个特定的元素。

该特性支持内存中的延迟计算或重量级对象，与其他函数式编程语言（如 Haskell）提供的方式类似，甚至可以处理无限序列，因为生成器的"惰性"允许这样做。

7.2.1　初探生成器

现在的问题是，我们希望处理一个大列表的记录，并从中获得一些指标。让我们从一个示例开始。给定一个包含购买信息的大型数据集，我们希望对其进行处理，以获得最低销售额、最高销售额和平均售价。

为简单起见，假设 CSV 只有两个字段，格式如下：

```
<purchase_date>, <price>
...
```

我们将创建一个对象，用于接收所有购买信息数据（这将为我们提供必要的指标）。我们用内置函数 min() 和 max() 就可以获得这些购买信息数据中的一些值，但是需要多次迭代所有购买信息数据，为此，我们改用自定义对象，以便通过一次迭代就能获得这些值。

所用的代码看起来相当简单。它只是一个对象，它有一个方法，可以一口气处理所有价格数据，并在每一步更新我们感兴趣的每个特定指标的值。首先，我们将在下面的代码中展示第一个实现，在本章的后面（对迭代有了更多的了解之后），我们将重新讨论这个实现，并得到一个更好的（并且更紧凑的）版本。

```
class PurchasesStats:

    def __init__(self, purchases):
        self.purchases = iter(purchases)
        self.min_price: float = None
        self.max_price: float = None
        self._total_purchases_price: float = 0.0
        self._total_purchases = 0
        self._initialize()

    def _initialize(self):
        try:
            first_value = next(self.purchases)
        except StopIteration:
```

```
            raise ValueError("no values provided")

        self.min_price = self.max_price = first_value
        self._update_avg(first_value)

    def process(self):
        for purchase_value in self.purchases:
            self._update_min(purchase_value)
            self._update_max(purchase_value)
            self._update_avg(purchase_value)
        return self

    def _update_min(self, new_value: float):
        if new_value < self.min_price:
            self.min_price = new_value

    def _update_max(self, new_value: float):
        if new_value > self.max_price:
            self.max_price = new_value

    @property
    def avg_price(self):
        return self._total_purchases_price / self._total_purchases

    def _update_avg(self, new_value: float):
        self._total_purchases_price += new_value
        self._total_purchases += 1

    def __str__(self):
        return (
            f"{self.__class__.__name__}({self.min_price}, "
            f"{self.max_price}, {self.avg_price})"
        )
```

这个对象将接收 purchases 的所有总数并处理所需的值。现在，我们需要一个函数将这些数据加载到这个对象可以处理的地方。第一个版本如下：

```
def _load_purchases(filename):
    purchases = []
    with open(filename) as f:
        for line in f:
            *_, price_raw = line.partition(",")
            purchases.append(float(price_raw))

    return purchases
```

上述代码能够正常运行。它将文件的所有数据加载到一个列表中，当这个列表传递给自定义对象时，将生成我们想要的数据。不过，这里有一个性能问题：如果你在一个相当大的数据集上运行这段代码，将需要一段时间来完成；如果数据集实在太大以至于不能装入主内存，甚至可能运行失败。

如果我们查看使用这些数据的代码，就会发现它一次处理一个 purchases，由此会疑问为什么生成器会同时将所有东西放入内存中。这是因为上述代码创建了一个列表，其中存放了文件的所有内容。其实，我们可以做得更好。

解决方案是创建一个生成器。我们将一次生成一个结果，而不是在列表中加载文件的全部内容。代码如下所示：

```
def load_purchases(filename):
    with open(filename) as f:
        for line in f:
            *_, price_raw = line.partition(",")
            yield float(price_raw)
```

如果你检测这次的进程，就会注意到内存的使用已经显著下降了。我们还可以看到代码看起来是多么简单——不需要定义列表了（因此，不需要添加列表），与此同时 return 语句也消失了。

在本示例中，load_purchases 函数是一个生成器函数，或者简单地说是一个生成器。

在 Python 中，只要在任何函数中出现关键字 yield，就会使它成为生成器。因此，在调用它时，除了创建生成器的实例，不会发生任何事情：

```
>>> load_purchases("file")
<generator object load_purchases at 0x...>
```

生成器对象是可迭代的（稍后我们将更详细地讨论迭代），这意味着它可以使用 for 循环。注意，我们不需要更改任何消费者代码——在新实现之后，统计处理器保持不变，for 循环未被修改。

通过迭代可以创建这些强大的抽象，这些抽象相对于 for 循环是多态的。只要保持迭代接口，就可以透明地迭代该对象。

7.2.2　生成器表达式

生成器节省了大量内存，而且由于它们是迭代器，因此相对于需要更多内存空间的其他迭代器或容器（如列表、元组或集合），它们是一种方便的替代方法。

与这些数据结构非常相似，生成器也可以通过解析来定义，只不过被称为生成器表达式（关于是否应该将它们称为生成器解析，一直存在争论。在本书中，我们仅使用规范名称，但你可以随意使用任何你喜欢的名称）。

同样，我们将定义一个列表解析。如果用圆括号替换方括号，就会得到一个由表达式生成的生成器。生成器表达式也可以直接传递给使用迭代的函数，如 sum() 和 max()：

```
>>> [x**2 for x in range(10)]
[0, 1, 4, 9, 16, 25, 36, 49, 64, 81]

>>> (x**2 for x in range(10))
<generator object <genexpr> at 0x...>

>>> sum(x**2 for x in range(10))
285
```

 始终将生成器表达式（而非列表解析）传递给期望迭代的函数，如 min()、max() 和 sum()。这是更有效和更符合 Python 风格的方法。

7.3 惯用迭代

本节先介绍一些在使用 Python 处理迭代时非常有用的习惯用法，以帮助你更好地了解使用生成器可以做的事情（特别是在我们了解了生成器表达式之后），以及如何解决与此相关的典型问题。

一旦了解了一些习惯用法，我们将进一步深入探讨 Python 中的迭代，分析使迭代成为可能的方法，以及可迭代对象如何工作。

7.3.1 迭代的习惯用法

我们已经熟悉了内置的 enumerate() 函数，即给定一个迭代，它将返回另一个元素是元组的函数，其第一个元素是第二个元素的枚举（对应于原始迭代中的元素）：

```
>>> list(enumerate("abcdef"))
[(0, 'a'), (1, 'b'), (2, 'c'), (3, 'd'), (4, 'e'), (5, 'f')]
```

我们希望以更低级的方式创建一个类似的对象，从而简单地创建一个无限序列。我们想要一个可以产生一系列数字的对象，从第一个开始，没有任何限制。

像下面这样简单的对象就可以做到这一点。每次调用这个对象，我们都会得到下一个数列，无穷无尽：

```
class NumberSequence:

    def __init__(self, start=0):
        self.current = start

    def next(self):
        current = self.current
        self.current += 1
        return current
```

基于这个接口，我们必须通过显式地调用它的 next() 方法来使用这个对象：

```
>>> seq = NumberSequence()
>>> seq.next()
0
>>> seq.next()
1


>>> seq2 = NumberSequence(10)
>>> seq2.next()
10
>>> seq2.next()
11
```

但是，使用这段代码，我们不能像所希望的那样重构 enumerate() 函数，因为它的接口不支持在常规 Python for 循环上进行迭代，这也意味着我们不能把它作为参数传递给希望进行迭代的函数。请注意以下代码是如何失败的：

```
>>> list(zip(NumberSequence(), "abcdef"))
Traceback (most recent call last):
  File "...", line 1, in <module>
TypeError: zip argument #1 must support iteration
```

问题在于 NumberSequence 不支持迭代。要解决这个问题，我们必须通过实现魔法方法 __iter__() 使对象可迭代。我们还改变了之前的 next() 方法——使用了魔法方法 __next__，这个方法使对象成为一个迭代器：

```
class SequenceOfNumbers:

    def __init__(self, start=0):
        self.current = start

    def __next__(self):
        current = self.current
        self.current += 1
        return current

    def __iter__(self):
        return self
```

这样做有一个好处——不仅可以遍历元素，甚至不再需要.next()方法，因为有 __next__()允许我们使用内置函数 next()：

```
>>> list(zip(SequenceOfNumbers(), "abcdef"))
[(0, 'a'), (1, 'b'), (2, 'c'), (3, 'd'), (4, 'e'), (5, 'f')]
>>> seq = SequenceOfNumbers(100)
>>> next(seq)
100
>>> next(seq)
101
```

1. next()函数

内置函数 next()将在其下一个元素使用迭代器并返回这个元素：

```
>>> word = iter("hello")
>>> next(word)
'h'
>>> next(word)
'e' # ...
```

如果迭代器没有更多的元素要生成，则会引发 StopIteration 异常：

```
>>> ...
>>> next(word)
'o'
>>> next(word)
Traceback (most recent call last):
  File "<stdin>", line 1, in <module>
StopIteration
>>>
```

这个异常表示迭代已经结束，没有更多的元素可以使用。

如果我们希望处理这种情况，除了捕获 StopIteration 异常，还可以在这个函数的第二个参数中提供一个默认值。如果提供了这个值，将返回值，而不是抛出 StopIteration：

```
>>> next(word, "default value")
'default value'
```

2．使用生成器

只需使用生成器，就可以显著简化前面的代码。生成器对象是迭代器。这样，我们可以定义一个函数，根据需要生成值，而不是创建一个类：

```
def sequence(start=0):
    while True:
        yield start
        start += 1
```

请记住，从第一个定义开始，函数体中的 yield 关键字就让函数成了一个生成器。因为是一个生成器，所以创建一个这样的无限循环完全没有问题，因为当调用这个生成器函数时，它将运行所有代码，直至到达下一个 yield 语句。这个生成器函数将一直存在且有效：

```
>>> seq = sequence(10)
>>> next(seq)
10
>>> next(seq)
11

>>> list(zip(sequence(), "abcdef"))
[(0, 'a'), (1, 'b'), (2, 'c'), (3, 'd'), (4, 'e'), (5, 'f')]
```

3．itertools（迭代工具）模块

使用迭代的好处是代码可以更好地与 Python 本身混合，因为迭代是该语言的一个关键组成部分。除此之外，我们还可以充分利用 itertools 模块（ITER-01）。实际上，我们刚刚创建的 sequence()生成器与 itertools.count()非常相似。不过，我们能做的还有很多。

迭代器、生成器和迭代工具最棒的一点是，它们是可以链接在一起的可组合对象。

例如，回到第一个处理 purchases 以获得一些指标的示例，如果我们想要做同样的事情，但是只针对那些超过某个阈值的值呢？解决这个问题最简单的方法是在迭代时设置条件：

```
# ...
    def process(self):
        for purchase in self.purchases:
            if purchase > 1000.0:
                ...
```

上述代码不但是非 Python 风格的，而且是僵硬的（僵硬表示的是坏代码的特性）。它不能很好地处理更改。如果现在数字改变了呢？我们要通过参数传递吗？如果我们需要不止一个呢？如果条件不同（如小于）怎么办？传递一个 λ 吗？

这些问题不应该由这个对象来回答，它的唯一责任是在以数字表示的购买流上计算一组定义良好的指标。当然，做出这样的更改将是一个巨大的错误（同样，整洁的代码是灵活的，我们不希望通过将这个对象与外部因素耦合而使其僵化）。这些要求必须在其他地方加以解决。

最好让这个对象独立于它的客户端。这个类的职责越少，它对更多的客户端就越有用，也就增加了它被重用的机会。

我们不改变这段代码，而是保持原样，并假设新数据是根据类的每个客户的所有需求过滤的。

例如，如果我们只想处理前 10 个 purchases 额超过 1000 的商品，那么将执行以下操作：

```
>>> from itertools import islice
>>> purchases = islice(filter(lambda p: p > 1000.0, purchases), 10)
>>> stats = PurchasesStats(purchases).process() # ...
```

以这种方式过滤没有内存惩罚，因为它们都是生成器，所以计算总是延迟的。这给了我们思考的能力，就好像我们一次过滤了整个集合，然后把它传递给对象，但实际上并没有把所有东西都放进内存中。

4. 通过迭代器简化代码

现在，我们简要讨论一些在迭代器的帮助下可以改进的情况，偶尔还会讨论 itertools 模块。在讨论了每个案例及其优化计划之后，我们将用一个推论来结束每个点。

（1）**反复迭代**。我们了解了更多关于迭代器的知识，并介绍了 itertools 模块，现在来看如何显著地简化本章的第一个示例（计算关于某些购买的统计数据的示例）：

```
def process_purchases(purchases):
    min_, max_, avg = itertools.tee(purchases, 3)
    return min(min_), max(max_), median(avg)
```

在本示例中，itertools.tee 将把原始的迭代分成 3 个新的迭代器。我们只需要使用这其中的每一个模块分别计算，来进行所需要的不同迭代，而不需要在 purchases 过程中重复 3 个不同的循环。

可以简单验证的是，如果我们传递一个可迭代对象作为 purchase 参数，那么这个对象只被遍历一次（多亏了 itertools.tee 函数），这是我们的主要需求。另外，还可以验证这个版本与最初的实现是如何等效的。在这种情况下，不需要手动引发 ValueError，因为将空序列传递给 min()函数也会产生同样的效果。

如果你考虑在同一个对象上多次运行循环，不妨停下来，考虑是否 itertools.tee 能帮上什么忙。

（2）**嵌套循环**。在某些情况下，我们需要在多个维度上迭代以查找值，这时首先会想到嵌套循环。当找到该值时，我们需要停止迭代，但是 break 关键字不能完全奏效，因为我们必须从两个（或多个）for 循环中跳出，而不仅仅是一个。

这个时候，我们该怎么办呢？给出一个跳出信号吗？不。抛出一个异常吗？不，这样做的效果与给出一个跳出信号相同，但更糟的是，我们知道异常不能用于控制流逻辑。将代码移动到更小的函数并返回它？很接近，但还不完全。

答案是，只要可能，就将迭代平展为 for 循环。

应避免使用的代码如下：

```
def search_nested_bad(array, desired_value):
    coords = None
    for i, row in enumerate(array):
        for j, cell in enumerate(row):
            if cell == desired_value:
                coords = (i, j)
                break

        if coords is not None:
            break
```

```
    if coords is None:
        raise ValueError(f"{desired_value} not found")

    logger.info("value %r found at [%i, %i]", desired_value, *coords)
    return coords
```

下面是它的一个简化版本，不依赖于树立标志来表示终止，并且这个版本有一个更简单、更紧凑的迭代结构：

```
def _iterate_array2d(array2d):
    for i, row in enumerate(array2d):
        for j, cell in enumerate(row):
            yield (i, j), cell


def search_nested(array, desired_value):
    try:
        coord = next(
            coord
            for (coord, cell) in _iterate_array2d(array)
            if cell == desired_value
        )
    except StopIteration:
        raise ValueError("{desired_value} not found")

    logger.info("value %r found at [%i, %i]", desired_value, *coord)
    return coord
```

值得一提的是，创建的辅助生成器是如何作为所需迭代的抽象工作的。在本示例中，我们只需要在两个维度上迭代，但是如果需要更多的维度，一个不同的对象就可以处理这个问题，甚至不需要客户端知道它。这就是迭代器设计模式的本质。在 Python 中，迭代器设计模式是透明的，因为它自动支持迭代器对象。

尽量使用尽可能多的抽象来简化迭代，在可能的情况下平展循环。

7.3.2　Python 中的迭代器模式

在本节中，我们将从生成器开始稍微绕一圈，以便更深入地理解 Python 中的迭代。

生成器是可迭代对象的一种特殊情况，但是 Python 中的迭代超出了生成器的范围，而且能够创建良好的可迭代对象将使我们有机会创建更高效、紧凑和可读的代码。

在前面的代码中，我们已经看到了可迭代对象的例子，它们也是迭代器，因为它们同时实现了__iter__()和__next__()两个魔法方法。虽然这在一般情况下是可以的，但并不严格要求它们总是必须同时实现这两种方法。这里我们将展示可迭代对象（实现了__iter__的对象）和迭代器（实现了__next__的对象）之间的细微差别。

我们还将探讨与迭代相关的其他主题，例如序列和容器对象。

1. 迭代接口

可迭代对象是一个在非常高的级别上支持迭代的对象，这意味着我们可以运行一个 for …in…循环它，并且这时它运行不会存在任何问题。然而，可迭代对象并不等同于迭代器。

一般来说，可迭代对象就是我们可以迭代的东西，并且它使用迭代器来做这件事。这意味着在__iter__这个魔法方法中，我们更希望返回一个迭代器，即一个实现了__next__()方法的对象。

迭代器是一个对象，它只知道当我们使用探索过的内置函数 next()调用它时，如何通过一次生成一个值来生成一系列的数据。虽然迭代器没有被调用，但它只是被冻结，闲置着等待下一次调用，以生成下一个值。在这个意义上，生成器就是迭代器。

Python 概念	魔法方法	注 意 事 项
可迭代对象 Iterable	__iter__	它们使用迭代器来构造迭代逻辑； 这些对象可以在 for…in…循环中被迭代
迭代器 Iterator	__next__	定义每次生成一个值的逻辑； StopIteration 异常表示迭代已经结束； 可以通过内置函数 next()逐个获得这些值

在下面的代码中，我们将看到一个迭代器对象的例子，它不是可迭代对象，它只支持调用该对象的值，一次一个。这里，名称 sequence 只是指一系列连续的数字，而不是 Python 中的序列概念，我们稍后将对此进行探讨：

```
class SequenceIterator:
    def __init__(self, start=0, step=1):
        self.current = start
        self.step = step

    def __next__(self):
        value = self.current
        self.current += self.step
        return value
```

注意，我们可以一次得到一个序列的值，但是不能遍历这个对象（这是幸运的，否则会导致一个无休止的循环）：

```
>>> si = SequenceIterator(1, 2)
>>> next(si)
1
>>> next(si)
3
>>> next(si)
5
>>> for _ in SequenceIterator(): pass
...
Traceback (most recent call last):
    ...
TypeError: 'SequenceIterator' object is not iterable
```

错误的原因是显而易见的，因为对象没有实现__iter__()。

为了便于解释，我们可以将迭代分离到另一个对象中（同样，让对象同时实现__iter__和__next__就足够了，但是单独这样做有助于澄清我们在这个解释中试图阐明的独特观点）。

2．序列对象作为可迭代对象

正如刚刚看到的，如果一个对象实现了__iter__()这个魔法方法，就意味着它可以在for循环中使用。虽然这是一个很好的特性，但不是我们能够实现的唯一可能的迭代形式。当我们编写for循环时，Python将尝试查看我们使用的对象是否实现了__iter__，如果实现了，它就用这个方法来构造迭代，但是如果没有，也有回退选项。

如果对象恰好是一个序列（这意味着它实现了__getitem__()和__len__()两个魔法方法），那么它也可以被迭代。如果是这种情况，解释器将依次提供值，直到引发 IndexError 异常为止，与前面提到的 StopIteration 类似，该异常也表示迭代已经停止。

为了演示这种行为，我们运行了下面的实验。该实验显示了一个序列对象，该对象在一系列数字上实现 map() 方法：

```python
# generators_iteration_2.py

class MappedRange:
    """Apply a transformation to a range of numbers."""

    def __init__(self, transformation, start, end):
        self._transformation = transformation
        self._wrapped = range(start, end)

    def __getitem__(self, index):
        value = self._wrapped.__getitem__(index)
        result = self._transformation(value)
        logger.info("Index %d: %s", index, result)
        return result

    def __len__(self):
        return len(self._wrapped)
```

请记住，此示例仅仅是为了阐明一个类似于这样的对象可以被规则的 for 循环所迭代。有一个日志行被放置于 __getitem__ 方法中，用于探索当对象被迭代的时候传递了哪些值，我们可以从下面的测试中看到：

```python
>>> mr = MappedRange(abs, -10, 5)
>>> mr[0]
Index 0: 10
10
>>> mr[-1]
Index -1: 4
4
>>> list(mr)
Index 0: 10
Index 1: 9
Index 2: 8
Index 3: 7
Index 4: 6
Index 5: 5
```

```
Index 6: 4
Index 7: 3
Index 8: 2
Index 9: 1
Index 10: 0
Index 11: 1
Index 12: 2
Index 13: 3
Index 14: 4
[10, 9, 8, 7, 6, 5, 4, 3, 2, 1, 0, 1, 2, 3, 4]
```

注意，需要强调的重点是，虽然知道这是很有用的，但这也是对象没有实现__iter__时的一个回退机制，所以大多数时候我们通过思考创建适当的序列来采取这些方法，而不仅仅是我们想要迭代的对象。

> 当考虑为迭代设计一个对象时，应该选择一个合适的可迭代对象（使用__iter__方法），而不是一个碰巧也可以迭代的序列。

7.4 协同程序

我们已经知道，生成器对象是可迭代的。它们实现了__iter__()和__next__()方法。这是由 Python 自动提供的，因此当我们创建一个生成器对象函数时，我们会得到一个对象，该对象可以通过 next()函数迭代或推进。

除了这个基本功能，生成器还有更多的方法，以便能够作为协同程序（PEP-342）工作。这里，在深入了解更多细节之前，我们将探索生成器如何演变成协同程序来支持基础异步编程，然后在下一节中详细讨论 Python 的新特性和异步编程的语法。PEP-342 中添加的支持协同程序的基本方法包括.close()、.throw(ex_type[, ex_value[, ex_traceback]])和.send(value)。

7.4.1 使用生成器接口的方法

本节将探索前面提到的各种方法的功能、工作原理以及使用方法。通过了解如何使用这些方法，我们能够使用简单的协同程序。

稍后，我们将探索协同程序的更高级用法，以及如何委托给子生成器（协同程序）

以重构代码，以及如何编排不同的协同程序。

1. close()

当调用此方法时，生成器将接收 GeneratorExit 异常。如果不加处理，那么生成器将在不生成任何值的情况下结束执行，并且中止迭代。

此异常可用于处理完成状态。通常情况下，如果协同程序执行某种资源管理，我们希望捕获这个异常并用该控制块释放协同程序所持有的所有资源。一般来说，这类似于使用上下文管理器或将代码放在异常控件的 finally 块中，但是处理这个异常会使它更加明确。

在下面的示例中，我们有一个协同程序。该协同程序用一个数据库处理程序对象（该对象持有到数据库的连接），并在该对象上运行查询，按固定长度的页面（而不是一次读取所有可用的内容）流式传输数据：

```
def stream_db_records(db_handler):
    try:
        while True:
            yield db_handler.read_n_records(10)
    except GeneratorExit:
        db_handler.close()
```

每次调用生成器时，它都会返回从数据库处理程序获得的 10 行数据，但是当我们决定明确地完成迭代并调用 close() 时，我们还想要关闭到数据库的连接：

```
>>> streamer = stream_db_records(DBHandler("testdb"))
>>> next(streamer)
[(0, 'row 0'), (1, 'row 1'), (2, 'row 2'), (3, 'row 3'), ...]
>>> next(streamer)
[(0, 'row 0'), (1, 'row 1'), (2, 'row 2'), (3, 'row 3'), ...]
>>> streamer.close()
INFO:...:closing connection to database 'testdb'
```

 在需要时，使用生成器上的 close() 方法来执行后续处理任务。

2. throw(ex_type[, ex_value[, ex_traceback]])

此方法将在生成器当前暂停的行上抛出异常。如果生成器处理已经发送的异常，将调用该特定 except 子句中的代码；否则，异常将传播到调用方那里。

这里，我们稍微修改了前面的示例，以显示用这个方法来处理一个由协同程序处理的异常以及这个异常不是由协同程序处理时的区别：

```
class CustomException(Exception):
    pass


def stream_data(db_handler):
    while True:
        try:
            yield db_handler.read_n_records(10)
        except CustomException as e:
            logger.info("controlled error %r, continuing", e)
        except Exception as e:
            logger.info("unhandled error %r, stopping", e)
            db_handler.close()
            break
```

现在，它是控制流获得 CustomException 异常的一部分，并且，在这种情况下，生成器将会记录有用的日志信息（当然，我们可以根据业务逻辑在不同情况下调整它），并继续下一个 yield 语句，这个语句是协同程序从数据库中读取并返回数据的地方。

这个特殊的示例处理了所有异常，但是如果最后一个块（except Exception:）不在那里，结果将是，生成器在其暂停的那一行被触发（同样是 yield 语句），并将从那里传播到调用方：

```
>>> streamer = stream_data(DBHandler("testdb"))
>>> next(streamer)
[(0, 'row 0'), (1, 'row 1'), (2, 'row 2'), (3, 'row 3'), (4, 'row 4'), ...]
>>> next(streamer)
[(0, 'row 0'), (1, 'row 1'), (2, 'row 2'), (3, 'row 3'), (4, 'row 4'), ...]
>>> streamer.throw(CustomException)
WARNING:controlled error CustomException(), continuing
[(0, 'row 0'), (1, 'row 1'), (2, 'row 2'), (3, 'row 3'), (4, 'row 4'), ...]
>>> streamer.throw(RuntimeError)
ERROR:unhandled error RuntimeError(), stopping
INFO:closing connection to database 'testdb'
Traceback (most recent call last):
  ...
StopIteration
```

当接收到来自域的异常时，生成器继续运行。然而，当它接收到另一个不期望的异常时，我们在关闭到数据库的连接并完成迭代的地方捕获了默认块，这导致生成器被停止。正如我们从所引发的 StopIteration 异常中所看到的，这个生成器不能被进一步迭代。

3．send(value)

在前面的示例中，我们创建了一个简单的生成器，它从数据库中读取行，当我们希望完成它的迭代时，这个生成器释放了与数据库链接的资源。这是使用生成器提供（关闭）的方法之一的范例，但是我们还可以做得更多。

这种生成器的一个明显特点是，它从数据库中读取固定数量的行。

我们希望参数化这个数字（10），以便在不同的调用中更改它。然而，next()函数没有为我们提供这方面的选项。幸运的是，我们还有 send()函数：

```
def stream_db_records(db_handler):
    retrieved_data = None
    previous_page_size = 10
    try:
        while True:
            page_size = yield retrieved_data
            if page_size is None:
                page_size = previous_page_size

            previous_page_size = page_size

            retrieved_data = db_handler.read_n_records(page_size)
    except GeneratorExit:
        db_handler.close()
```

我们现在已经实现了使协同程序能够通过使用 send()方法从调用方接收值。这个方法实际上是区分生成器和协同程序的方法，因为当使用它时，意味着 yield 关键字将出现在语句的右边，而且它的返回值将分配给其他部分。

在协同程序中，我们发现通常 yield 关键字的使用形式如下：

```
receive = yield produced
```

在这种情况下，yield 语句将做两件事。它将把 produced 发送回调用方，调用方将在下一轮迭代中接收它（例如，在调用 next()方法之后），并且它将暂停在那里。稍后，调用方将希望使用 send()方法将值发送回协同程序。这个值将成为 yield 语句的结果，在本例中，该值被分配给名为 receive 的变量。

只有当这个协同程序在 yield 语句中暂停，等待生成某些东西时，才会向协同程序发送值。要实现这一点，协同程序必须被推进到这个状态。实现此目的的唯一方法是对其调用 next()方法。这意味着在向协同程序发送任何内容之前，必须通过 next()方法至少推进一次。如果不这样做，将导致异常：

```
>>> c = coro()
>>> c.send(1)
Traceback (most recent call last):
  ...
TypeError: can't send non-None value to a just-started generator
```

始终记住，在向协同程序发送任何值之前，通过调用 next()方法来推进协同程序。

回到我们的例子。我们正在更改元素的生成或流式传输的方式，以使其能够接收它期望从数据库读取的记录的长度。

第一次调用 next()方法时，生成器将往前移动到包含 yield 语句的行；它将向调用方提供一个值（none，如变量中设置的那样），并且它将暂停在那里。

从这里，我们有两个选择。如果我们选择通过调用 next()方法来推进生成器，将使用默认值 10，程序将像往常一样继续执行。这是因为 next()方法在技术上与 send(None)方法相同，但是在 if 语句中也有涉及（if 语句将处理我们之前设置的值）。

另一方面，如果我们决定通过 send(<value>)方法提供一个确定的值，这个值将成为 yield 语句的结果，它将被分配给包含要使用的页面长度的变量，而该变量又将用于从数据库中读取。

连续调用将使用这种逻辑，但重要的一点是，现在我们可以在迭代的中间动态更改要读取数据的长度，即在任何位置。

既然我们已经了解了之前的代码是如何工作的，大多数 Python 风格的用法都希望得到一个简化版本（毕竟 Python 追求的是简洁、整洁和紧凑的代码）：

```
def stream_db_records(db_handler):
    retrieved_data = None
    page_size = 10
```

```
try:
    while True:
        page_size = (yield retrieved_data) or page_size
        retrieved_data = db_handler.read_n_records(page_size)
except GeneratorExit:
    db_handler.close()
```

这个版本不但更紧凑，而且更好地说明了这个想法。yield 周围的括号更清楚地表明它是一个语句（将它看作一个函数调用），并且我们正在使用它的结果与之前的值进行比较。

这就像我们所期望的那样工作，但是在向协同程序发送任何数据之前，我们总是必须记住要提前推进这个协同程序。如果忘记调用第一个 next()，将会得到一个 TypeError 异常。出于我们的目的，可以忽略这个调用，因为它不会返回我们将使用的任何东西。

如果我们在协同程序创建之后可以直接使用协同程序，而不需要记住每次使用它时都要调用 next()方法，那就太好了。一些作者（PYCOOK）设计了一个有趣的装饰器来实现这一点。这个装饰器的想法是推进协同程序，所以下面的定义将会自动工作：

让我们以创建 prepare_coroutine()装饰器为例。

```
@prepare_coroutine
def stream_db_records(db_handler):
    retrieved_data = None
    page_size = 10
    try:
        while True:
            page_size = (yield retrieved_data) or page_size
            retrieved_data = db_handler.read_n_records(page_size)
    except GeneratorExit:
        db_handler.close()


>>> streamer = stream_db_records(DBHandler("testdb"))
>>> len(streamer.send(5))
5
```

7.4.2 更先进的协同程序

到目前为止，我们对协同程序有了更好的理解，能够创建简单的协同程序来处理小任务。我们可以说这些协同程序事实上只是更先进的生成器（这将是正确的，协同程序只是更加复杂的生成器），但是，如果我们真的想要开始支持一些更复杂的场景，我们通常需要同时处理许多协同程序的设计，这需要更多的特性。

在处理许多协同程序时，我们会发现新的问题。随着应用程序的控制流变得越来越复杂，我们希望在堆栈中上下传递值（以及异常），能够从我们可能在任何级别调用的子协同程序中捕获值，并最终调度多个协同程序以朝着一个共同目标前进。

为了使事情更简单，我们必须再次扩展生成器。这就是 PEP-380 所解决的问题——通过改变生成器的语义使它们能够返回值，并引入新的 yield from 结构。

1. 在协同程序中返回值

正如本章开始时介绍的，迭代是一种机制，它多次调用可迭代对象上的 next() 方法，直到引发 StopIteration 异常。

到目前为止，我们一直在探索生成器的迭代特性——我们每次生成一个值，而且通常我们只关心 for 循环的每一步生成的每个值。这是一种考虑生成器的非常合乎逻辑的方法，但是协同程序有不同的想法；尽管它们在技术上是生成器，但它们并没有使用迭代的思想进行代码构建，而是以暂停代码的执行为目标，直到后来恢复执行。

这是一个有趣的挑战：在设计一个协同程序时，我们通常更关心暂停状态而不是迭代（迭代一个协同程序将是一种奇怪的情况）。挑战在于没那么容易将两者结合起来，这是因为一个技术实现细节造成的，即 Python 中对协同程序的支持是建立在生成器之上的。

如果我们用协同程序处理一些信息并想暂停它，那么将协同程序看作一种轻量级线程（或者绿色线程，在某些平台中是这样称呼的）是合理的。在这种情况下，如果它们可以返回值，就像调用任何其他常规函数一样，这将是非常有意义的。

但是记住生成器不是常规函数，因此在生成器中，构造 value = generator() 除了创建一个 generator 对象什么也做不了。让生成器返回值的语义是什么？它在迭代完成之后，必须这样做。

当生成器返回一个值时，它的迭代将立即停止（不能再进行迭代）。为了保持语义，仍然会引发 StopIteration 异常，并且把要返回的值存储在 exception 对象中。调用方有责任去捕获它。

在下面的示例中，我们将创建一个简单的 generator，用于生成两个值，然后返回第三个值。请注意我们是如何通过捕捉异常来获取这个值的，以及是如何精确地将它存储在异常中名为 value 的属性下的：

```
>>> def generator():
...     yield 1
...     yield 2
...     return 3
...
>>> value = generator()
>>> next(value)
1
>>> next(value)
2
>>> try:
...     next(value)
... except StopIteration as e:
...     print(">>>>>> returned value ", e.value)
...
>>>>>> returned value 3
```

2. 委托到更小的协同程序中——yield from 语法

前面的特性很有趣，因为它为协同程序（生成器）打开了许多新的可能性，现在生成器可以返回值了。但是，如果没有适当的语法支持，这个特性本身就不会那么有用，因为以这种方式捕获返回值有点麻烦。

这是 yield from 语法的主要特性之一。另一方面（我们将详细讨论），它可以收集子生成器返回的值。还记得我们说过在生成器中返回数据很好，但编写语句 value = generator()将不起作用吗？不过，把它写成 value = yield from generator()就可以了。

（1）**yield from 最简单的用途。**在其最基本的形式中，可以使用新的 yield from 语法将嵌套 for 循环的生成器链接到一个单独的生成器中，该生成器将在连续流中以一个包含所有值的字符串结束。

规范示例是关于从 standard 库创建一个类似于 itertools.chain()的函数。这是一个非常好的函数，因为它允许你传递任意数量的 iterables，并将它们全部返回到一个流中。

简单的实现可能是这样的。

```
def chain(*iterables):
    for it in iterables:
        for value in it:
            yield value
```

它接收可变数量的 iterables，遍历所有迭代器，由于每个值都是可迭代的，因此它支持 for...in...结构，所以我们有另一个 for 循环来获取每个特定可迭代对象中的每个值，这些值是由调用方函数生成的。在多种情况下，这可能会很有用，例如将生成器链接在一起，或者尝试迭代通常无法一次性比较的内容（如带有元组的列表等）。

但是，yield from 语法允许我们进一步避免嵌套循环，因为它能够直接从子生成器生成值。在这种情况下，我们可以这样简化代码：

```
def chain(*iterables):
    for it in iterables:
        yield from it
```

注意，对于这两种实现，生成器的行为是完全相同的：

```
>>> list(chain("hello", ["world"], ("tuple", " of ", "values.")))
['h', 'e', 'l', 'l', 'o', 'world', 'tuple', ' of ', 'values.']
```

这意味着我们可以在任何其他可迭代对象上使用 yield from 语句，并且它的工作方式就像顶级生成器一样（使用 yield from 语句的生成器），通过自身生成这些值。

这适用于任何可迭代对象，甚至生成器表达式也不例外。现在我们已经熟悉了它的语法，让我们来看看如何编写一个简单的生成器函数来生成一个数字的所有幂（例如，如果提供 all_powers(2,3)，它将必须生成 2^0，2^1，2^2，2^3）：

```
def all_powers(n, pow):
    yield from (n ** i for i in range(pow + 1))
```

虽然这稍微简化了语法，但是保存 for 语句的一行并不是一个很大的优势，而且也不能证明对语言添加这样的更改是合理的。

事实上，这只是一个副作用，我们将在接下来的两部分探讨 yield from 结构存在的真正原因。

（2）**捕获子生成器返回的值**。在下面的示例中，我们有一个生成器，它调用另外两个嵌套生成器，按序列生成值。每个嵌套生成器都返回一个值，我们将看到顶层生成器如何能够有效地通过 yield from 语句调用内部生成器捕获返回值：

```
def sequence(name, start, end):
    logger.info("%s started at %i", name, start)
    yield from range(start, end)
    logger.info("%s finished at %i", name, end)
    return end


def main():
    step1 = yield from sequence("first", 0, 5)
    step2 = yield from sequence("second", step1, 10)
    return step1 + step2
```

当 sequence 函数在 main 函数中遍历执行时，下面是可能的代码执行结果：

```
>>> g = main()
>>> next(g)
INFO:generators_yieldfrom_2:first started at 0
0
>>> next(g)
1
>>> next(g)
2
>>> next(g)
3
>>> next(g)
4
>>> next(g)
INFO:generators_yieldfrom_2:first finished at 5
INFO:generators_yieldfrom_2:second started at 5
5
>>> next(g)
6
>>> next(g)
7
>>> next(g)
8
>>> next(g)
9
>>> next(g)
INFO:generators_yieldfrom_2:second finished at 10
Traceback (most recent call last):
  File "<stdin>", line 1, in <module>
StopIteration: 15
```

　　第一行的主程序代表进入内部生成器，然后生成值，并直接从中提取它们。正如我们已经看到的，这不是什么新鲜事。但是，请注意 sequence()生成器函数如何返回结束值（该值在第一行中分配给名为 step1 的变量），以及在生成器下面实例的开头如何正确地使用该值。

　　最后，另一个生成器也返回第二个结束值（10），而主生成器依次返回它们的和（5+10=15），这是我们在迭代停止后看到的值。

　　我们可以使用 yield from 语句来捕获协同程序处理完成后的最后一个值。

　　（3）**向子生成器发送和接收数据**。现在，我们将看到 yield from 语法的另一个很好的特性，这可能是它的全部功能所在。正如我们在研究作为协同程序的生成器时已经介绍过的那样，我们知道可以发送值并向它们抛出异常。在这种情况下，协同程序要么接收其内部处理的值，要么必须相应地处理异常。

　　如果我们现在有一个协同程序，它将委托给其他协同程序（如前面的例子），那么我们也希望保留这个逻辑。手动操作将非常复杂（你可以查看一下 PEP-380 中描述的代码，来了解如果我们没有使用 yield from 语句来自动处理它的结果）。

　　为了说明这一点，让我们保持与前面示例（调用其他内部生成器）一致的顶层生成器（main）不被修改，但是修改内部生成器，使它们能够接收值并处理异常。代码可能不是惯用的，只是为了展示这个机制是如何工作的：

```
def sequence(name, start, end):
    value = start
    logger.info("%s started at %i", name, value)
    while value < end:
        try:
            received = yield value
            logger.info("%s received %r", name, received)
            value += 1
        except CustomException as e:
            logger.info("%s is handling %s", name, e)
            received = yield "OK"
    return end
```

现在，我们将调用协同程序 main，不仅通过迭代它，还通过向它传递值和抛出异常来看看如何在 sequence 中处理它们：

```
>>> g = main()
>>> next(g)
INFO: first started at 0
0
>>> next(g)
INFO: first received None
1
>>> g.send("value for 1")
INFO: first received 'value for 1'
2
>>> g.throw(CustomException("controlled error"))
INFO: first is handling controlled error
'OK'
... # advance more times
INFO:second started at 5
5
>>> g.throw(CustomException("exception at second generator"))
INFO: second is handling exception at second generator
'OK'
```

这个例子向我们展示了很多不同的东西。注意，我们从不将值发送到 sequence，而是只发送到 main，即使这样，接收这些值的代码也是嵌套的生成器。尽管我们从来没有直接将任何东西发送到 sequence，但是当它通过 yield from 语句传递数据时，它接收了数据。

协同程序 main 在内部调用其他两个协同程序，生成它们的值，并且在其中任何一个协同程序的特定时间点及时暂停。当它在第一个协同程序的特定时间点暂停时，我们可以看到日志告诉我们接收我们发送值的是协同程序的实例。当我们对它抛出异常时，也会发生同样的情况。当第一个协同程序完成时，它返回变量 step1 中分配的值，并将这个值作为第二个协同程序的输入传递，第二个协同程序将执行相同的操作（它将相应地处理 send() 和 throw() 调用）。

每个协同程序产生的值也会发生相同的情况。当我们处于任何给定步骤时，调用 send() 返回的值对应于子协同程序（main 当前暂停的位置）生成的值。当我们抛出一个正在处理的异常时，sequence 协同程序会生成一个 OK 值，返回值会传播到被调用的程序中（main），反过来返回值又会在 main 的调用方那里结束。

7.5 异步编程

通过到目前为止看到的构造，我们能够用 Python 创建异步程序了。这意味着我们可以创建具有多个协同程序的程序，安排它们以特定的顺序工作，并且在每个协同程序上调用 yield from 语句之后，当它们被暂停时，在它们之间进行切换。

我们可以从中获得的主要优势是以非阻塞输入方式并行化 I/O 操作的可能性。我们需要的是一个低层生成器（通常由第三方库实现），它知道如何在协同程序暂停时处理实际的 I/O。这个想法是为了使协同程序能够有效地暂停，以便程序可以在同一时间处理另一个任务。应用程序检索控件的方法是通过 yield from 语句实现的，该语句将暂停并向调用方生成一个值（正如我们在前面使用该语法更改程序的控制流时所看到的示例）。

在决定需要更好的语法支持之前，Python 中异步编程的工作方式已经有相当多年了。

协同程序和生成器在技术上是相同的，这一事实引起了一些混淆。它们在语法上（和技术上）是相同的，但在语义上是不同的。当我们想要实现有效的迭代时，我们创建生成器。而我们通常创建协同程序是为了以非阻塞输入方式运行 I/O 操作。

虽然这种差异很明显，但 Python 的动态特性仍然允许开发人员混合这些不同类型的对象，最终在程序非常晚的阶段出现运行时错误。请记住，在最简单和最基本的 yield from 语句的语法形式中，我们在可迭代对象上使用了这种构造（我们创建了一种应用于字符串、列表等的 chain 函数）。这些对象都不是协同程序，但它仍然可以工作。然后，我们看到可以有多个协同程序，使用 yield from 语句发送值（或异常），并返回一些结果。但是，如果我们沿着下面的语句来写一些东西，这显然是非常不同的用例：

```
result = yield from iterable_or_awaitable()
```

目前还不清楚 iterable_or_awaitable 会返回什么。它可以是一个简单的可迭代对象，例如字符串，并且在语法上仍然是正确的。或者，它可能是一个实际的协同程序。这个错误的代价将在以后付出。

由于这个原因，必须对 Python 中的系统类型进行扩展。在 Python 3.5 之前，协同程序只是使用@coroutine 装饰器的生成器，并且使用 yield from 语句的语法对它们进行调用。现在，有一种特定类型的对象，它就是协同程序。

这一变化预示着语法的变化。我们已经介绍过了 await 和 async def 的语法。前者的目的是用来代替 yield from 语句，并且它只对 awaitable 对象（协同程序恰好是这种对象）有效。试图用一些不遵守 awaitable 接口的东西调用 await 会引发异常。async def 是定义协同程序的新方法，它替代了前面提到的装饰器，它实际上创建了一个对象，当调用这个对象时，它将返回一个协同程序的实例。

在不考虑 Python 中异步编程的所有细节和可能性的情况下，我们可以说，尽管有了新的语法和新的类型，但这与我们在本章中讨论的概念并没有本质上的不同。

Python 中异步编程的思想是，有一个 event 循环（通常是 asyncio，因为它包含在 standard 库中，但是还有许多其他的事件循环也将以相同的方式工作）来管理一系列的协同程序。这些协同程序属于事件循环，事件循环将根据其调度机制调用它们。当每一个协同程序都运行时，它们将调用我们的代码（根据我们所编写的协同程序中定义的逻辑），如果想要将控件返回到事件循环，调用 await <coroutine>，它将异步处理一个任务。事件循环将重新启动，而且当该操作继续运行时，将产生另一个协同程序。

在实践中，有更多的特殊情况和边缘情况超出了本书的范围。但是，值得一提的是，这些概念与本章介绍的概念相关，并且这个领域是生成器作为语言核心概念的另一个地方，因为我们可以在生成器上构建出许多东西。

7.6　小结

在 Python 中，生成器随处可见。生成器很早就出现在 Python 中，并已被证明是一个很好的组成部分，可以使程序更高效、使迭代更简单。

随着时间的推移，需要向 Python 添加更复杂的任务，生成器再次帮助支持协同程序。

此外，虽然在 Python 中协同程序是生成器，但我们仍然不要忘记它们在语义上的不同。生成器是用迭代的思想创建的，而协同程序的目标是异步编程（在任何给定的时间，暂停和恢复程序的一部分）。这种区别变得如此重要，以至于 Python 的语法（和类型系统）得以发展。

迭代和异步编程构成了 Python 编程的最后一根主要支柱。现在，是时候看看所有东西是如何组合在一起的，并将我们在过去几章中探索过的所有这些概念付诸行动。

后续章节将描述 Python 项目的其他基本方面，如测试、设计模式和架构。

第 8 章
单元测试和重构

本章探讨的思想是本书整体语境的基础支柱，因为它们对我们的最终目标至关重要：编写更好和更易于维护的软件。

单元测试（以及任何形式的自动测试）对于软件的可维护性是至关重要的，是任何高质量项目中不可或缺的。正因如此，本章专门讨论自动测试的各个方面，并将其作为一个关键策略，以期安全地修改代码，并在逐步改进的版本中迭代代码。

通过学习本章的内容，你将对以下内容有更多的了解：为什么自动化测试对于在敏捷软件开发方法下运行的项目非常重要；单元测试是如何作为代码质量的启发式方法工作的；有哪些框架和工具可用来开发自动化测试和设置质量检验关卡；利用单元测试更好地理解领域问题和文档代码；与单元测试相关的概念，如测试驱动开发。

8.1 设计原则和单元测试

在本节中，我们首先从概念的角度来看单元测试。我们将回顾前面讨论过的一些软件工程原则，以了解它们与整洁代码之间的关系。

之后，我们进一步讨论如何将这些概念付诸实践（在代码级），以及可以使用哪些框架和工具。

首先，我们快速定义单元测试。单元测试是代码的一部分，负责验证代码的其他部分。通常，任何人都会说单元测试验证应用程序的"核心"，但是这样的定义将单元测试放在次要位置，并不是本书所考虑的方式。单元测试是核心，是软件的一个关键组件，应该像对待业务逻辑一样对待它们。

单元测试是一段代码，这段代码导入支持业务逻辑的部分代码，并执行其逻辑，同时用该思想断言几个场景，以确保某些特定条件。单元测试必须具备以下一些特性。

（1）孤立。单元测试应该完全独立于任何其他外部代理，并且必须只关注业务逻辑。因此，它们不连接到数据库，不执行 HTTP 请求，等等。孤立还意味着测试之间是独立的：它们必须能够以任何顺序运行，而不依赖于任何以前的状态。

（2）性能。单元测试必须快速运行，且将被多次重复运行。

（3）自验证。单元测试的执行决定其结果。应该不需要额外的步骤来解释单元测试（更不用说手动操作了）。

更具体地说，在 Python 中，这意味着会生成新的*.py 文件，并把单元测试放在那些新文件里，它们将被一些工具调用。这些文件将包含 import 语句，用于从业务逻辑中获取我们需要的东西（打算测试的东西）；在这些文件中编写测试程序本身的代码。然后，一个工具将收集单元测试并运行它们，给出一个结果。

最后一部分是自验证的真正含义。当该工具调用文件时，将启动一个 Python 进程，并在其上运行测试。如果测试失败，这个进程将退出，并给出一个错误提示代码（在 UNIX 环境中，这可以是不同于 0 的任何数）。基本的标准是这个工具正常运行代码，并且对每一个运行完的测试，或打印一个点（.）表示测试成功，或打印一个 F 表示测试失败（测试的条件不满意），或打印一个 E 表示存在异常。

8.1.1　关于其他形式的自动化测试的说明

单元测试旨在验证非常小的单元，例如函数或方法。我们希望从单元测试中达到非常详细的粒度级别，测试尽可能多的代码。要测试一个类，我们不希望使用单元测试，而是使用一个测试套件。这个测试套件是单元测试的集合，其中每一个单元测试都将测试一些更具体的东西，例如该类的一个方法。

这不是单元测试的唯一形式，它不能捕获所有可能的错误。单元测试还包括验收测试和集成测试，但这些超出了本书的范围。

在集成测试中，我们希望同时测试多个组件。在示例中，我们希望验证它们是否像预期的那样协同工作。在这种情况下，产生副作用是可以接受的（甚至认为产生副作用是可取的），并且可以接受孤立特性，这意味着我们需要发出 HTTP 请求，连接到数据库，等等。

验收测试是一种自动化的测试形式，它试图从用户的角度验证系统，通常是执行用例。

但是这两种形式的测试失去了单元测试的另一个优点：速度。正如你可以想象的那样，它们将花费更多的时间来运行，因此运行的次数更少。

在一个良好的开发环境中，程序员将拥有整个测试套件，并且在修改代码、迭代、重构等过程中一直重复地运行单元测试。一旦更改就绪，并且 pull 请求打开，持续集成服务将运行从而进行该分支的构建，只要可能存在集成测试或验收测试，单元测试就会在该分支上运行。不用说，构建的状态在合并之前应该是成功的（绿色的），但重要的部分是测试类型之间的区别：我们想一直运行单元测试，而不是频繁地运行那些需要更长时间的测试。出于这个原因，我们希望能策略性地设计很多小的单元测试和一些自动化测试，以覆盖尽可能多的单元测试不能到达的地方（如数据库）。

最后，智者一言足矣。记住，本书鼓励实用主义。除了这些给出的定义以及本节开头关于单元测试的观点，你还必须记住，根据你的标准和上下文，最好的解决方案应该占据主导地位。没有人比你更了解自己的系统。这意味着，如果由于某种原因你必须编写一个单元测试，需要启动 Docker 容器来针对数据库进行测试，那么请使用上面的建议。正如我们在书中反复提到的，实用性胜过纯粹性。

8.1.2　单元测试和敏捷软件开发

在现代软件开发中，我们希望不断地、尽可能快地交付价值。这些目标背后的理由是，越早得到反馈，影响就越小，改变就越容易。这些都不是什么新想法，其中一些类似于几十年前的制造原则，而另一些（例如尽快从直接关系方那里获得反馈并在其上迭代）你可以在 *The Cathedral and the Bazaar*（缩写为 CatB）等文章中找到。

因此，我们希望能够有效地响应更改，为此，必须更改所编写的软件。正如我们在前几章中提到的，希望软件具有适应性、灵活性和可扩展性。

代码本身（不管它的编写和设计有多好）并不能保证它足够灵活，可以进行更改。假设我们设计了一个遵循 SOLID 原则的软件，在其中一部分我们实际上拥有一组遵循打开/关闭原则的组件，这意味着我们可以轻松地扩展它们，而不会影响太多现有代码。进一步假设代码是以有利于重构的方式编写的，因此我们可以根据需要进行更改。在进行这些更改时，我们没有引入任何 bug，这意味着什么呢？我们如何知道现有的功能得到了保留？你是否有足够的信心将代码发布给用户？他们会相信新版本和预期的一样有效吗？

所有这些问题的答案是，除非我们有一个正式的证明，否则不能肯定。单元测试就是程序按照规范运行的正式证明。

因此，单元（或自动化）测试就像一张安全网，让我们有信心继续编写代码。有了这些工具，我们就可以有效地处理代码，这最终决定了开发软件产品的团队的速度（或能力）。测试越好，我们就越有可能快速地交付价值，而不会时不时地被 bug 所牵绊。

8.1.3　单元测试和软件设计

当涉及主代码和单元测试之间的关系时，这是"硬币"的另一面。除了 8.1.2 节提到的实用原因，还归结到一个事实，即好的软件是可测试的软件。**可测试性**（质量属性决定了测试软件的容易程度）不但是一个很好的工具，而且是实现代码整洁的驱动因素。

单元测试不仅是对主代码库的补充，还对代码的编写方式有直接和实际的影响。其实这是有很多层次的，从一开始，如果意识到我们需要添加部分代码的单元测试，就必须改变它（使代码生成一个更好的版本），而当全部的代码（设计）都是由一种测试方法驱动时，这种方法是这段代码（设计）将要通过测试驱动设计的，将会改变其最终表达式。

从一个简单的示例开始，我们将展示一个小用例，在这个用例中，测试（以及测试代码的需求）将导致代码最终编写方式的改进。

在下面的示例中，我们将模拟一个进程，该进程需要向外部系统发送关于每个特定任务获得的结果的度量（与往常一样，只要我们关注代码，细节就不会有任何区别）。我们有一个 Process 对象，它表示领域问题上的某些任务，并且它使用一个 metrics 客户端（一个外部依赖，因此是我们无法控制的）将实际度量发送到外部实体（例如，可以将数据发送到 syslog 或 statsd）：

```
class MetricsClient:
    """3rd-party metrics client"""

    def send(self, metric_name, metric_value):
        if not isinstance(metric_name, str):
            raise TypeError("expected type str for metric_name")

        if not isinstance(metric_value, str):
            raise TypeError("expected type str for metric_value")

        logger.info("sending %s = %s", metric_name, metric_value)

class Process:

    def __init__(self):
        self.client = MetricsClient() # A 3rd-party metrics client

    def process_iterations(self, n_iterations):
        for i in range(n_iterations):
            result = self.run_process()
            self.client.send("iteration.{}".format(i), result)
```

在第三方客户端的模拟版本中，我们要求提供的参数必须是 string 类型的。因此，如果 run_process 方法的 result 不是字符串，我们可能会认为它会失败，实际上它确实会失败。

```
Traceback (most recent call last):
...
    raise TypeError("expected type str for metric_value")
TypeError: expected type str for metric_value
```

记住，我们无法控制这个验证，而且不能更改代码，所以在继续之前，必须为方法提供正确类型的参数。但是由于这是我们检测到的一个 bug，我们首先想要编写一个单元测试来确保它不会再次发生。这样做实际上是为了证明我们已经修复了这个问题，并在将来避免这个 bug，不管代码重构了多少次。

有可能测试代码的方式是通过模拟 Process 对象的客户端（当探索单元测试的工具时，我们可以在 8.2.3 节看到应该怎么做）来完成的，但这样做比实现功能需要更多的代码（注意，我们想要测试的部分是如何嵌套在代码中的）。此外，该方法的代码相对来说比较少，这是一件好事，因为如果不是这样，测试将不得不运行更多我们可能还需要模拟但是却不需要的部分代码。这是与可测试性相关的良好设计（小的、内聚的函数或方法）的另一个示例。

最后，我们决定不做太多麻烦事，只测试需要测试的部分，所以不直接在 main 方法上与 client 交互，而是委托给 wrapper 方法。新类看起来是这样的：

```
class WrappedClient:

    def __init__(self):
        self.client = MetricsClient()

    def send(self, metric_name, metric_value):
        return self.client.send(str(metric_name), str(metric_value))

class Process:
    def __init__(self):
        self.client = WrappedClient()

    ... # rest of the code remains unchanged
```

在本示例中，我们选择为度量创建自己的 client 版本，也就是说，围绕我们曾经有的第三方库创建一个包装器。为此，我们放置一个类，该类（具有相同的接口）将相应地转换类型。

这种使用组合的方式类似于适配器设计模式（我们将在第 9 章中探讨设计模式，因此，就目前而言，它只是一条有用的信息），而且由于这是我们域中的一个新对象，因此它可以进行单独的单元测试。拥有这个对象将使测试变得更简单，但更重要的是，现在我们看到它，就会意识到这可能是最初应该编写代码的方式。也就是说，试着为代码编写单元测试让我们意识到我们完全忽略了一个重要的抽象！

现在我们已经按照应有的方式分离了方法，接下来就可以为它编写实际的单元测试了。这个示例中使用的 unittest 模块的细节部分参见 8.2 节，但是现在阅读代码会让我们对如何测试它有个初步印象，也会让之前的概念不那么抽象了：

```
import unittest
from unittest.mock import Mock

class TestWrappedClient(unittest.TestCase):
    def test_send_converts_types(self):
        wrapped_client = WrappedClient()
        wrapped_client.client = Mock()
        wrapped_client.send("value", 1)

        wrapped_client.client.send.assert_called_with("value", "1")
```

Mock 是 unittest.mock 模块中一种可用的类型，它是一个非常方便的对象，用来询问所有类型的事情。例如，在本示例中，我们用它代替第三方库（模拟到系统的边界，相关内容参见 8.1.4 节），以检查是否按预期调用了它（同样，我们没有测试库本身，只是测试是否正确地调用了它）。注意，我们是如何运行一个类似于 Process 对象的调用的，但是我们希望参数被转换为字符串。

8.1.4　定义测试内容的边界

测试需要投入精力。如果我们在决定测试什么时不加小心，测试将永远不会停止，以致于浪费大量的精力却没有取得什么成果。

我们应该明确代码的测试边界。如果我们不这样做，还必须测试依赖（外部/第三方库或模块）或代码，然后测试它们各自的依赖，如此往复，永无止境。测试依赖不是我们的职责，所以我们可以假设这些项目有它们自己的测试。只要测试是否使用正确的参数完成对外部依赖的正确调用，就足够了（这甚至可能是补丁的一种可接受的用法），我们不应该在这方面投入更多的精力。

这是好的软件设计得到回报的另一个用例。如果我们对于设计一直小心，并明确定义系统的边界（也就是说，我们是针对接口设计的，而不是针对会改变的具体实现的，因此将依赖关系倒置到外部组件上，以减少时间耦合），那么在编写测试时会更容易编写模拟这些接口的单元测试。

在良好的单元测试中，我们希望修补系统的边界，并专注于要执行的核心功能。我们不测试外部库（如通过 pip 安装的第三方工具），而是检查它们是否被正确调用。本章稍后讨论 Mock 对象时，我们将回顾执行这些类型的断言的技术和工具。

8.2 测试的框架和工具

我们可以用很多工具编写单元测试，这些工具各有优缺点，并且用于不同的目标。但是，在所有这些方法中，有两种方法最有可能涵盖几乎所有场景，这就是本节所要介绍的内容。

除了测试框架和测试运行库，通常还会发现配置代码覆盖率的项目，它们将代码覆盖率用作质量度量。覆盖率（当用作度量时）具有误导性，在了解了如何创建单元测试之后，我们将讨论为什么不能对此掉以轻心。

8.2.1 用于单元测试的框架和库

本节讨论编写和运行单元测试的两个框架。第一个框架 unittest 可在 Python 的标准库中找到，而第二个框架 pytest 必须通过 pip 安装在外部。

当涉及为代码覆盖测试场景时，只要使用 unittest 就足够了，因为它有大量的帮助程序。然而，对于更复杂的系统，我们有多个依赖，到外部系统的连接，而且可能需要修补对象，以及定义固定参数化测试用例，那么 pytest 看起来是一个更完整的选项。

我们将以一个小程序作为示例，展示如何用以上两个可选框架测试它，这最终将帮助我们更好地了解以上两个可选框架之间的区别。

演示测试工具的示例是版本控制工具的简化版本，该版本控制工具支持合并请求中的代码审查。我们将开始使用以下标准：

（1）当至少有一个人不同意更改时，合并请求被拒绝——rejected；

（2）如果没有人不同意，并且合并请求对至少两个其他开发人员有好处，那么请求被批准——approved；

（3）在任何其他情况下，它的状态是待定——pending。

这就是代码的样子：

```
from enum import Enum

class MergeRequestStatus(Enum):
```

```
        APPROVED = "approved"
        REJECTED = "rejected"
        PENDING = "pending"

class MergeRequest:
    def __init__(self):
        self._context = {
            "upvotes": set(),
            "downvotes": set(),
        }

    @property
    def status(self):
        if self._context["downvotes"]:
            return MergeRequestStatus.REJECTED
        elif len(self._context["upvotes"]) >= 2:
            return MergeRequestStatus.APPROVED
        return MergeRequestStatus.PENDING

    def upvote(self, by_user):
        self._context["downvotes"].discard(by_user)
        self._context["upvotes"].add(by_user)

    def downvote(self, by_user):
        self._context["upvotes"].discard(by_user)
        self._context["downvotes"].add(by_user)
```

1．unittest

要编写单元测试，首选 unittest 模块，因为该模块提供了一个丰富的 API 来编写各种测试条件，而且它在标准库中可用，因此是非常通用和方便的。

unittest 模块基于 JUnit（来自 Java）的概念，而 JUnit 又基于 Smalltalk 中单元测试的原始思想，因此 unittest 本质上是面向对象的。因此，测试是通过对象编写的，其中检查由方法进行验证，并且通常根据类中的场景对测试进行分组。

要开始编写单元测试，我们必须创建一个继承自 unittest.TestCase 的测试类，并定义想要在其方法上强调的条件。这些方法应该从 test_*开始，并且可以在内部使用从 unittest.TestCase 继承的任何方法，来检查必须为 true 的条件。

下面是一些可能需要验证的条件示例：

```
class TestMergeRequestStatus(unittest.TestCase):

    def test_simple_rejected(self):
        merge_request = MergeRequest()
        merge_request.downvote("maintainer")
        self.assertEqual(merge_request.status, MergeRequestStatus.REJECTED)

    def test_just_created_is_pending(self):
        self.assertEqual(MergeRequest().status, MergeRequestStatus.PENDING)

    def test_pending_awaiting_review(self):
        merge_request = MergeRequest()
        merge_request.upvote("core-dev")
        self.assertEqual(merge_request.status, MergeRequestStatus.PENDING)

    def test_approved(self):
        merge_request = MergeRequest()
        merge_request.upvote("dev1")
        merge_request.upvote("dev2")

        self.assertEqual(merge_request.status, MergeRequestStatus.APPROVED)
```

API 为单元测试提供了许多有用的方法来进行比较，最常见的就是 assertEquals
（<actual>, <expected>[, message]），它可以用来比较实际操作结果和我们对这个操作所期
望的值，当出现错误的时候，随意使用一个消息来表示这个错误即可。

另一种有用的测试方法允许我们检查是否引发了某个特定的异常。当异常发生时，我
们在代码中引发异常，以防在错误的假设下进行连续处理，并在执行调用时通知调用方
调用出了问题。这一部分逻辑是需要被测试的，这就是这个方法的作用。

假设现在我们正在进一步扩展自己的逻辑，以允许用户关闭他们的合并请求，一旦
发生这种情况，我们就不希望再有更多的投票发生（在已经关闭合并请求之后，对合并
请求进行评估是没有意义的）。为了防止这种情况发生，我们扩展了代码，并且在有人试
图对关闭的合并请求进行投票时，对无效事件抛出异常。

在添加了两个新的状态（OPEN 和 CLOSED）和一个新的 close()方法之后，我们修
改了前面的投票方法，以首先处理这个检查。

```
class MergeRequest:
    def __init__(self):
        self._context = {
```

```
            "upvotes": set(),
            "downvotes": set(),
        }
        self._status = MergeRequestStatus.OPEN

    def close(self):
        self._status = MergeRequestStatus.CLOSED

    ...
    def _cannot_vote_if_closed(self):
        if self._status == MergeRequestStatus.CLOSED:
            raise MergeRequestException("can't vote on a closed merge
            request")

    def upvote(self, by_user):
        self._cannot_vote_if_closed()

        self._context["downvotes"].discard(by_user)
        self._context["upvotes"].add(by_user)

    def downvote(self, by_user):
        self._cannot_vote_if_closed()

        self._context["upvotes"].discard(by_user)
        self._context["downvotes"].add(by_user)
```

现在，我们要检查这个验证是否确实有效。为此，我们使用 asssertRaises 和
assertRaisesRegex 方法：

```
def test_cannot_upvote_on_closed_merge_request(self):
    self.merge_request.close()
    self.assertRaises(
        MergeRequestException, self.merge_request.upvote, "dev1"
    )

def test_cannot_downvote_on_closed_merge_request(self):
    self.merge_request.close()
    self.assertRaisesRegex(
        MergeRequestException,
        "can't vote on a closed merge request",
        self.merge_request.downvote,
        "dev1",
    )
```

前者将期望在调用第二个参数中的可调用部分时引发所提供的异常，在函数的其余部分使用参数（*args 和**kwargs），如果不是这种情况，它将失败，说明异常将会按照预期那样被引发。后者执行相同的操作，但它还检查引发的异常是否包含匹配作为参数提供的正则表达式的消息。即使引发异常，但如果使用了不同的消息（不匹配正则表达式），测试也会失败。

> 试着检查错误消息，因为异常作为一个额外的检查，不仅会更准确，并确保它实际上是我们想要被触发的异常，而且还会检查是否有另一个相同类型的异常偶然出现在那里。

参数化测试。现在，我们想要测试合并请求的方法是如何工作的，只需要提供 context 而不用提供 MergeRequest 对象的全部参数。我们还想在判断状态为关闭后测试 status 属性的逻辑，而这两部分测试是相互独立的。

实现此目的的最佳方法是将该组件分离到另一个类中，使用组件，然后继续使用它自己的测试套件测试这个新的抽象：

```
class AcceptanceThreshold:
    def __init__(self, merge_request_context: dict) -> None:
        self._context = merge_request_context

    def status(self):
        if self._context["downvotes"]:
            return MergeRequestStatus.REJECTED
        elif len(self._context["upvotes"]) >= 2:
            return MergeRequestStatus.APPROVED
        return MergeRequestStatus.PENDING


class MergeRequest:
    ...
    @property
    def status(self):
        if self._status == MergeRequestStatus.CLOSED:
            return self._status

        return AcceptanceThreshold(self._context).status()
```

通过这些更改，我们可以再次运行测试并验证其是否通过，这意味着这个小重构没有破坏任何当前功能（单元测试确保回归）。由此，我们可以继续为特定的新的类编写测试：

```
class TestAcceptanceThreshold(unittest.TestCase):
    def setUp(self):
        self.fixture_data = (
            (
                {"downvotes": set(), "upvotes": set()},
                MergeRequestStatus.PENDING
            ),
            (
                {"downvotes": set(), "upvotes": {"dev1"}},
                MergeRequestStatus.PENDING,
            ),
            (
                {"downvotes": "dev1", "upvotes": set()},
                MergeRequestStatus.REJECTED
            ),
            (
                {"downvotes": set(), "upvotes": {"dev1", "dev2"}},
                MergeRequestStatus.APPROVED
            ),
        )

    def test_status_resolution(self):
        for context, expected in self.fixture_data:
            with self.subTest(context=context):
                status = AcceptanceThreshold(context).status()
                self.assertEqual(status, expected)
```

在 setUp()方法中，我们定义了要在整个测试过程中使用的固定数据。在本示例中，实际上并不需要它，因为我们可以将它直接放在方法上。但是如果我们希望在执行任何测试之前运行一些代码，那么可以在这里编写代码，因为在每次测试运行之前都会调用一次这个方法。

通过编写这段新版本的代码，正在测试的代码下的参数更加清晰和紧凑，并且在每种情况下，它都会报告结果。

为了模拟正在运行所有参数，我们将测试遍历所有数据，并对每个实例执行代码。这里一个有趣的助手是 subTest 的使用，在本示例中，我们用它标记被调用的测试条件。

如果其中一个迭代失败，unittest 将用传递给 subTest 的变量的对应值报告它（在本示例中，它被命名为 context，但是任何系列的关键字参数的工作方式都是一样的）。例如，发生的一个错误可能是这样的：

```
FAIL: (context={'downvotes': set(), 'upvotes': {'dev1', 'dev2'}})
----------------------------------------------------------------
Traceback (most recent call last):
  File "" test_status_resolution
    self.assertEqual(status, expected)
AssertionError: <MergeRequestStatus.APPROVED: 'approved'> !=
<MergeRequestStatus.REJECTED: 'rejected'>
```

> 如果你选择参数化测试，请尝试给参数的每个实例的上下文提供尽可能多的信息，以使调试更加容易。

2．pytest

pytest 是一个很好的测试框架，可以通过 pip install pytest 来安装它。与 unittest 的区别在于，pytest 虽然仍然可以在类中对测试场景进行分类，并为测试创建面向对象的模型，但这实际上并不是强制性的，通过检查我们想验证的带有 assert 语句的条件可以使用较少的样板文件编写单元测试。

默认情况下，与 assert 语句进行比较就足以让 pytest 识别单元测试并相应地报告其结果。你也可以使用更高级的功能，如前一节中介绍的功能，但是它们需要使用包中的特定功能。

一个很好的特性是 pytest 命令将运行它能发现的所有测试，即使这些测试是用 unittest 编写的。这种兼容性使得从 unittest 逐渐过渡到 pytest 变得更加容易。

（1）**使用 pytest 的基础测试用例**。我们在上一节中测试的条件可以用带有 pytest 的简单函数重写。

下面是一些简单断言的示例：

```
def test_simple_rejected():
    merge_request = MergeRequest()
    merge_request.downvote("maintainer")
    assert merge_request.status == MergeRequestStatus.REJECTED
```

```
def test_just_created_is_pending():
    assert MergeRequest().status == MergeRequestStatus.PENDING

def test_pending_awaiting_review():
    merge_request = MergeRequest()
    merge_request.upvote("core-dev")
    assert merge_request.status == MergeRequestStatus.PENDING
```

布尔等式比较只需要一个简单的 assert 语句，而其他类型的检查（如异常检查），需要用到一些函数：

```
def test_invalid_types():
    merge_request = MergeRequest()
    pytest.raises(TypeError, merge_request.upvote, {"invalid-object"})

def test_cannot_vote_on_closed_merge_request():
    merge_request = MergeRequest()
    merge_request.close()
    pytest.raises(MergeRequestException, merge_request.upvote, "dev1")
    with pytest.raises(
        MergeRequestException,
        match="can't vote on a closed merge request",
    ):
        merge_request.downvote("dev1")
```

在这种情况下，pytest.raises 相当于 unittest.TestCase.assertRaises，它还接受作为方法和上下文管理器来调用。如果我们想检查异常信息，那么必须使用相同的函数而不能使用不同的方法（如 assertRaisesRegex），但是要作为上下文管理器，并通过 match 参数传递我们想要标识的表达式。

pytest 还将把原始异常封装到一个期望定制的异常中（例如，通过检查它的一些属性，如.value），以防我们想要检查更多的条件，但是这个函数的使用涵盖了绝大多数情况。

（2）**参数化测试**。使用 pytest 运行参数化测试会更好，这不仅是因为它提供了一个更干净的 API，还因为测试与其参数的每个组合都会生成一个新的测试用例。

要处理这个问题，我们必须在测试中使用 pytest.mark.parametrize 装饰器。装饰器的第一个参数是一个字符串，表示要传递给 test 函数的参数的名称；第二个参数必须使用这些参数的各个值进行迭代。

注意，测试函数的主体如何缩减为一行（在删除内部 for 循环及其嵌套的上下文管理器之后），并且每个测试用例的数据都正确地与函数主体隔离，从而更容易扩展和维护：

```python
@pytest.mark.parametrize("context,expected_status", (
    (
        {"downvotes": set(), "upvotes": set()},
        MergeRequestStatus.PENDING
    ),
    (
        {"downvotes": set(), "upvotes": {"dev1"}},
        MergeRequestStatus.PENDING,
    ),
    (
        {"downvotes": "dev1", "upvotes": set()},
        MergeRequestStatus.REJECTED
    ),
    (
        {"downvotes": set(), "upvotes": {"dev1", "dev2"}},
        MergeRequestStatus.APPROVED
    ),
))
def test_acceptance_threshold_status_resolution(context, expected_status):
    assert AcceptanceThreshold(context).status() == expected_status
```

使用@pytest.mark.parametrize 以消除重复，保持测试的主体尽可能地内聚，并使代码必须支持的参数（测试输入或场景）明确。

（3）**Fixtures**。pytest 最大的优点之一是它可以方便地创建可重用的特性，这样我们就可以用数据或对象来填充测试，从而更有效地进行测试，而不需要重复。

例如，我们可能希望在特定状态下创建 MergeRequest 对象，并在多个测试中使用该对象。我们通过创建一个函数并应用@pytest.fixture 装饰器将对象定义为一个 fixture。想要使用该 fixture 的测试必须有一个与定义的函数同名的参数，pytest 将确保提供该参数：

```python
@pytest.fixture
def rejected_mr():
    merge_request = MergeRequest()

    merge_request.downvote("dev1")
    merge_request.upvote("dev2")
    merge_request.upvote("dev3")
```

```
        merge_request.downvote("dev4")

        return merge_request

    def test_simple_rejected(rejected_mr):
        assert rejected_mr.status == MergeRequestStatus.REJECTED

    def test_rejected_with_approvals(rejected_mr):
        rejected_mr.upvote("dev2")
        rejected_mr.upvote("dev3")
        assert rejected_mr.status == MergeRequestStatus.REJECTED

    def test_rejected_to_pending(rejected_mr):
        rejected_mr.upvote("dev1")
        assert rejected_mr.status == MergeRequestStatus.PENDING

    def test_rejected_to_approved(rejected_mr):
        rejected_mr.upvote("dev1")
        rejected_mr.upvote("dev2")
        assert rejected_mr.status == MergeRequestStatus.APPROVED
```

记住，测试也会影响主代码，所以代码整洁的原则也适用于它们。在这种情况下，前文提到的"避免自身重复"（DRY）原则再次派上用场——我们可以借助 fixture 中的 pytest 实现它。

除了创建多个对象或公开将在整个测试套件中使用的数据，还可以用它们设置一些条件，例如，全局地修补一些我们不希望调用的函数，或者当我们希望使用补丁对象时使用它们。

8.2.2 代码覆盖率

测试运行器支持覆盖插件（通过 pip 安装），这些插件将提供关于测试运行时代码中执行了哪些行的有用信息。这些信息非常有用，可使我们知道测试需要覆盖代码的哪些部分，以及确定需要进行哪些改进（分别在生产代码和测试中）。这方面使用最广泛的库之一是 coverage。

虽然它们很有帮助（强烈建议在运行测试时使用它们，并配置你的项目以在测试运行时在 CI 中运行覆盖率），但也可能具有误导性，特别是在 Python 中，如果我们不密切关注覆盖率报告，就会产生错误的印象。

1. 设置休止范围

在使用 pytest 的情况下，我们必须安装 pytest-cov 包（在撰写本文时，本书使用的是 2.5.1 版）。一旦安装好，当测试运行的时候，我们必须告诉 pytest 运行器 pytest-cov 也将运行，以及应该覆盖哪个包（或哪些包）（在其他参数和配置中）。

这个包支持多个配置，就像不同种类的输出格式，并且很容易使用任何 CI 工具来集成它，但是在所有这些特性中，一个被强烈推荐的选项是设置一个标志，这个标志将会告诉我们哪些行还没有被测试，因为它将会帮助我们诊断代码，并且允许我们开始编写更多的测试。

为了展示这个示例，我们使用下面的命令：

```
pytest \
    --cov-report term-missing \
    --cov=coverage_1 \
    test_coverage_1.py
```

这将产生类似如下内容的输出：

```
test_coverage_1.py ................ [100%]
----------- coverage: platform linux, python 3.6.5-final-0 -----------
Name          Stmts Miss Cover Missing
------------------------------------------
coverage_1.py 38    1    97%   53
```

在这里，它告诉我们有一行代码没有被单元测试覆盖，所以我们可以看一下如何为它编写单元测试。这是一个常见的场景，我们意识到要覆盖这些没有被测试的行时，需要通过创建更小的方法重构代码。这样代码看起来会好得多，就像我们在本章开头看到的示例一样。

问题是我们能相信高覆盖率吗？这是否意味着代码是正确的？拥有良好的测试覆盖率对于代码整洁来说是一个必要但不充分的条件。没有对部分代码进行测试显然是件坏事。有测试实际上是非常好的（我们可以对确实存在的测试这样说），并且实际上断言了真实的条件，即它们是该代码部分质量的保证，但我们不能说这就是所需的全部。尽管覆盖率很高，但仍然需要更多的测试。

2. 测试覆盖率的注意事项

Python 是解释性的语言，是一种非常高级别的语言，覆盖工具利用这一点来标识测试运行时解释（运行）的行，并将在最后给出报告。一行代码被解释并不意味着它通过了适当的测试，这就是为什么我们应该仔细阅读最终的覆盖率报告并相信它所说的。

这对任何语言都是适用的。一行代码被执行的事实并不意味着它被所有参数的可能组合所强调。所有分支都使用提供的数据成功运行，这一事实只意味着代码支持该组合，但没有告诉我们任何其他可能导致程序崩溃的参数组合。

以覆盖率作为工具发现代码中的盲点，而不是作为度量或目标。

8.2.3 模拟对象（Mock 对象）

在某些情况下，代码并不是在测试情境中出现的唯一内容。毕竟，我们设计和构建的系统必须做一些实际的事情，这通常意味着连接到外部服务（数据库、存储服务、外部 API、云服务等）。因为我们的代码需要使用这些外部服务，所以对这些外部服务的依赖是不可避免的。尽管我们尽可能多地抽象代码、面向接口的程序，并将代码与外部因素隔离以最小化副作用，但它们仍然会出现在测试中，我们需要一种有效的方法来处理它们。

Mock 对象是防止出现不必要的副作用的最佳策略之一。代码可能需要执行 HTTP 请求或发送电子邮件通知，但我们肯定不希望这种情况发生在单元测试中。此外，单元测试应该运行得很快，因为我们希望经常运行它们（实际上是一直运行），这意味着我们不能承受延迟。因此，真正的单元测试不使用任何实际的服务，不连接任何数据库，不发出 HTTP 请求，而且基本上只执行生产代码的逻辑。

我们需要做这样的测试，但不是单元测试，而是集成测试。集成测试应该从更广泛的角度测试功能，几乎可以模拟用户的行为。但这些测试并不快。因为它们连接到外部系统和服务，所以运行时间更长，成本也更高。一般来说，我们希望有很多运行非常快的单元测试，以便能够一直运行它们，并减少集成测试的运行频率（例如，只对于任何新的合并请求）。

虽然模拟对象很有用，但是在详细讨论之前，我们首先要给出的警告是，不要在代码异味或反模式之间滥用它们的使用范围。

1．关于补丁和模拟的警告

前文提到，单元测试有助于我们编写更好的代码，因为我们想开始测试代码的一部分时，通常必须将它们编写为可被测试的，这通常意味着它们也是内聚的、细粒度的和小规模的。这些都是软件组件的好特性。

另一个有趣的收获是，测试将帮助我们注意到原以为正确的代码中的代码异味。有代码异味的一个主要警告是，我们试图对许多不同的东西使用猴子补丁（或模拟），只是为了覆盖一个简单的测试用例。

unittest 模块提供了一个工具，以在 unittest.mock.patch 上修补对象。补丁意味着原始代码（由在导入时表示其位置的字符串提供）将被其他东西替代——默认情况下是指一个模拟对象。这将在系统运行时替换代码，其缺点是我们将失去与最初存在的原始代码的联系，从而使测试更加浅显。它还带有性能方面的考虑，因为在运行时修改解释器中的对象会增加开销，而且如果我们重构代码并移动一些东西，最终可能会停止更新。

在测试中使用猴子补丁或模拟可能是可以接受的，而且它本身并不代表问题。另外，猴子补丁中的滥用实际上是一个标志，表明代码中必须改进某些东西。

2．使用模拟对象

在单元测试术语中，有几种类型的对象属于名为 **test double**（替身）的类别。替身是一个类型的对象，出于不同原因，将在测试套件中取代真正的部分（也许我们不需要实际的生产代码，只是一个可以工作的虚拟对象，也可能我们不能使用它，因为它需要访问服务或副作用，这些都是我们不希望出现在单元测试中的）。

在测试中有不同类型的替身，例如虚拟对象、存根、间谍或模拟。模拟是最常见的对象类型，由于它们非常灵活和通用，因此适用于所有情况，所以不需要详细介绍其他类型。正是由于这个原因，标准库也包含了这种对象，并且在大多数 Python 程序中都很常见。这就是我们将在这里使用的 unittest.mock.Mock。

模拟是根据规范（通常类似于生产类的对象）和一些配置对策创建的对象类型（也就是说，我们可以告诉模拟在某些调用下应该返回什么，以及它的行为应该是什么）。然后，作为其内部状态的一部分，Mock 对象将记录它被如何调用（使用什么参数、多少次等），并且我们可以在稍后验证应用程序的行为中使用这些信息。

对于 Python，标准库为库中可直接使用的 Mock 对象提供了一个很好的 API 来进行各种行为断言，如检查调用模拟的次数、使用什么参数等。

（1）**模拟的类型**。标准库在 unittest.mock 模块中提供了 Mock 和 MagicMock 对象。前者是一个替身，这个替身可以配置为返回任何值，并跟踪对其进行的调用。后者做同样的事情，但它也支持魔法方法。这意味着，如果我们编写了使用魔法方法的惯用代码（我们测试的部分代码将依赖于此方法），那么很可能是我们必须使用 MagicMock 实例，而不仅是 Mock 对象。

当代码需要调用魔法方法时，尝试使用 Mock 对象将导致错误。下面所示的代码为这种情况的反面示例：

```python
class GitBranch:
    def __init__(self, commits: List[Dict]):
        self._commits = {c["id"]: c for c in commits}

    def __getitem__(self, commit_id):
        return self._commits[commit_id]

    def __len__(self):
        return len(self._commits)

def author_by_id(commit_id, branch):
    return branch[commit_id]["author"]
```

我们想要测试这个函数，然而另一个测试需要调用 author_by_id 函数。出于某些原因，我们没有测试该函数，因此提供给该函数（并返回）的任何值都是好的：

```python
def test_find_commit():
    branch = GitBranch([{"id": "123", "author": "dev1"}])
    assert author_by_id("123", branch) == "dev1"

def test_find_any():
    author = author_by_id("123", Mock()) is not None
    # ... rest of the tests..
```

正如预期的那样，这样做不会奏效：

```python
def author_by_id(commit_id, branch):
    > return branch[commit_id]["author"]
    E TypeError: 'Mock' object is not subscriptable
```

使用 MagicMock 来代替可以正常工作。我们甚至可以配置这种类型的模拟的魔法方法来返回一些我们需要的东西，以便控制测试的执行：

```python
def test_find_any():
    mbranch = MagicMock()
    mbranch.__getitem__.return_value = {"author": "test"}
    assert author_by_id("123", mbranch) == "test"
```

（2）**替身的用例**。要查看模拟的可能用法，我们需要向应用程序添加一个新组件，该组件将负责通知 build 中 status 的合并请求。当 build 执行完成后，将使用合并请求的 ID 和 build 中的 status 来调用此对象，并通过将 HTTP POST 请求发送到特定的固定端点和使用此信息来更新合并请求的 status。

```python
# mock_2.py

from datetime import datetime

import requests
from constants import STATUS_ENDPOINT

class BuildStatus:
    """The CI status of a pull request."""
    @staticmethod
    def build_date() -> str:
        return datetime.utcnow().isoformat()

    @classmethod
    def notify(cls, merge_request_id, status):
        build_status = {
            "id": merge_request_id,
            "status": status,
            "built_at": cls.build_date(),
        }
        response = requests.post(STATUS_ENDPOINT, json=build_status)
        response.raise_for_status()
        return response
```

这个类有很多副作用，其中之一是很难克服的重要外部依赖项。如果我们试图在不修改任何内容的情况下对其编写测试，那么当它试图执行 HTTP 连接时，就会失败，并出现连接错误。

作为一个测试目标，我们只想确保信息被正确地组合，并且使用适当的参数调用库请求。由于这是一个外部依赖，因此我们不测试请求，只要检查调用是否正确就足够了。

在试图比较发送到库的数据时，我们将面临的另一个问题是，类正在计算当前时间戳，这在单元测试中是无法预测的。直接修补 datetime 是不可能的，因为该模块是用 C 编写的。有一些外部库可以做到这一点（如 freezegun），但它们会带来性能损失，对于本例来说，这样做可能有些过犹不及。因此，我们选择将想要的功能封装在一个静态方法中，这样就可以对其进行修补。

现在我们建立了代码中需要替换的点，接下来编写单元测试：

```
# test_mock_2.py

from unittest import mock

from constants import STATUS_ENDPOINT
from mock_2 import BuildStatus

@mock.patch("mock_2.requests")
def test_build_notification_sent(mock_requests):
    build_date = "2018-01-01T00:00:01"
    with mock.patch("mock_2.BuildStatus.build_date",
    return_value=build_date):
        BuildStatus.notify(123, "OK")

    expected_payload = {"id": 123, "status": "OK", "built_at":
    build_date}
    mock_requests.post.assert_called_with(
        STATUS_ENDPOINT, json=expected_payload
    )
```

首先，我们以 mock.patch 作为装饰器替换 requests 模块。这个函数的结果将创建一个 mock 对象，该对象将作为参数传递给测试（在本例中名为 mock_requests）。然后，我们再次使用这个函数，但这次是作为上下文管理器来更改计算 build 日期的类的方法的返回值，在这里我们将用我们可以控制的在断言中使用的一个值替换该值。

一旦完成所有这些工作，我们可以使用一些参数来调用类方法，然后使用 mock 对象检查它是如何调用的。在本例中，我们使用该方法查看是否有必要使用我们希望组合而成的参数调用 requests.post。

这是模拟的一个很好的特性——不仅为所有外部组件设置了一些边界（在本示例中是为了防止实际发送一些通知或发出 HTTP 请求），还提供了一个有用的 API 来验证调用及其参数。

虽然在本示例中，我们可以通过设置相应的 Mock 对象来测试代码，但不可否认的是，我们也必须根据实现主要功能的代码的总行数进行大量的修补。关于测试的纯生产代码与必须模拟的代码之间的比例应该是多少，并无明确规定，但是，凭常识我们就能明白，如果必须在相同的部分修补很多东西，就表明某些东西没有被清晰地抽象出来，这似乎就是代码异味问题了。

我们在 8.3 节介绍如何通过重构代码解决上述问题。

8.3　代码重构

代码重构是软件维护中的一项重要活动，但是如果没有单元测试，重构是无法完成的（至少是无法正确完成的）。有时候，我们需要支持一个新特性，或者以非预期的方式使用软件。我们需要认识到，适应这些需求的唯一方法是首先重构代码，使其更通用。只有这样，我们才能继续前进。

通常情况下，在重构代码时，我们希望改进其结构来使其更好，通常是更通用、更可读或者更灵活。我们所面临的挑战是，在实现这些目标的同时，必须保留在进行修改之前它所具有的完全相同的功能。这意味着，最好的情况是在客户看来，我们正在重构的那些组件好像没有什么变化。

使用不同版本的代码，但是必须支持与以前相同的功能，这一约束意味着我们需要对修改过的代码运行回归测试。只有回归测试能自动化运行，测试才是经济有效的。最经济有效的自动测试版本是单元测试。

8.3.1　代码演进

在前面的示例中，我们能够将副作用从代码中分离出来，通过修补代码中依赖于单元测试中无法控制的内容的部分，使其变得可测试。这是一种很好的方法，因为毕竟 mock.patch 函数对于这类任务很有用，它替换了我们告诉它的要替换的对象，并返回一个 Mock 对象。

这样做的缺点是，我们必须将要模拟的对象（包括模块）的路径作为字符串提供。这存在一定的脆弱性，因为如果我们重构代码（例如，重命名文件或将其移动到其他位置），那么必须更新所有带有路径的位置，否则测试将中断。

在本示例中，"notify()方法直接依赖于实现细节（requests 模块）"这一事实是一个设计问题，也就是说，它在单元测试中也付出了代价，而前面提到的脆弱性也暗示了这一点。

我们仍然需要用替身（模拟）替换这些方法，但是如果重构代码，就可以用更好的方法来实现。我们将这些方法分成更小的方法，最重要的是注入依赖，而不是保持不变。现在，代码应用了依赖倒置原则，并且希望使用支持接口（在本示例中是隐式接口）的东西工作，例如 requests 模块提供的接口：

```python
from datetime import datetime

from constants import STATUS_ENDPOINT

class BuildStatus:

    endpoint = STATUS_ENDPOINT

    def __init__(self, transport):
        self.transport = transport

    @staticmethod
    def build_date() -> str:
        return datetime.utcnow().isoformat()

    def compose_payload(self, merge_request_id, status) -> dict:
        return {
            "id": merge_request_id,
            "status": status,
            "built_at": self.build_date(),
        }

    def deliver(self, payload):
        response = self.transport.post(self.endpoint, json=payload)
        response.raise_for_status()
```

```
        return response

    def notify(self, merge_request_id, status):
        return self.deliver(self.compose_payload(merge_request_id, status))
```

我们分离了方法（没有通知的是现在组合+传递），使 compose_payload()成为一个新方法（以便我们不需要修补类，就可以进行替换），并要求注入 transport 依赖。既然现在 transport 是一个依赖，那么将该对象更改为任何我们想要的替身就要容易得多。

甚至可以根据需要使用替换的替身来公开此对象的固定项：

```
@pytest.fixture
def build_status():
    bstatus = BuildStatus(Mock())
    bstatus.build_date = Mock(return_value="2018-01-01T00:00:01")
    return bstatus

def test_build_notification_sent(build_status):

    build_status.notify(1234, "OK")

    expected_payload = {
        "id": 1234,
        "status": "OK",
        "built_at": build_status.build_date(),
    }
    build_status.transport.post.assert_called_with(
        build_status.endpoint, json=expected_payload
    )
```

8.3.2 需要演进的不仅仅是生产代码

我们一直说单元测试和生产代码一样重要。既然我们足够谨慎地使用生产代码来创建可能最好的抽象，为什么不对单元测试做同样的事情呢？

如果单元测试的代码与主代码一样重要，那么在设计时考虑其可扩展性并尽可能使其具有较强的维护性无疑是明智的。毕竟，这段代码必须由另外一名工程师来维护而不是其原作者来维护，所以它必须具有较强的可读性。

我们之所以如此关注使代码具有灵活性，是因为知道需求会随着时间的推移而变化和演进，最终随着领域业务规则的变化，代码也必须有所演进，以支持这些新需求。由于生产代码更改为支持新的需求，因此测试代码也必须加以演进，以支持生产代码的新版本。

在第一个示例中，我们为合并需求对象创建了一系列测试，尝试使用不同的组合并检查合并请求的状态。这是第一种很好的方法，但是我们可以做得更好。

一旦更好地理解了问题，我们就可以着手创建更好的抽象。有了这个，我们首先想到的是，可以创建一个更高层次的抽象来检查特定的条件。例如，如果有一个对象，是专门针对 MergeRequest 类的测试套件，它的功能将局限于该类的行为（因为它应该符合 SRP 原则），那么可以在这个测试类上创建特定的测试方法。虽然这些方法只对该类有意义，但有助于减少大量样板代码。

我们可以创建一个封装它的方法，并在所有测试中重用它，而不是重复遵循完全相同结构的断言：

```python
class TestMergeRequestStatus(unittest.TestCase):
    def setUp(self):
        self.merge_request = MergeRequest()

    def assert_rejected(self):
        self.assertEqual(
            self.merge_request.status, MergeRequestStatus.REJECTED
        )

    def assert_pending(self):
        self.assertEqual(
            self.merge_request.status, MergeRequestStatus.PENDING
        )

    def assert_approved(self):
        self.assertEqual(
            self.merge_request.status, MergeRequestStatus.APPROVED
        )

    def test_simple_rejected(self):
        self.merge_request.downvote("maintainer")
        self.assert_rejected()

    def test_just_created_is_pending(self):
        self.assert_pending()
```

如果我们检查合并请求状态的方式发生了变化（或者想要添加额外的检查），那么只有一个地方（assert_approved()方法）需要修改。更重要的是，通过创建这些更高层次的抽象，那些开始时仅仅是单元测试的代码，开始演进为最终可能成为具有自己的 API 或领域语言的测试框架，从而使测试更具声明性。

8.4　更多关于单元测试的信息

目前为止，根据我们复习过的概念，我们已经知道如何测试代码，知道从代码是如何被测试的角度思考我们的设计，并在项目中配置工具以运行自动化测试，这将使我们对所编写的软件的质量有一定的信心。

如果我们对代码的信心取决于写在代码上的单元测试，那么如何知道它们已经足够了呢？如何确保我们已经对测试场景进行了足够多的测试，并且没有遗漏某些测试？谁能确保这些测试是正确的？换句话说，谁来测试这些测试？

问题的第一部分（关于所编写的测试是否彻底），是通过超越基于属性的测试来回答的。

问题的第二部分从不同的角度可能有多个答案，但我们将简要地提到突变测试，以确定测试确实是正确的。从这个意义上说，我们认为单元测试不仅可以用来检查主要的生产代码，也可以验证单元测试本身是否正确。

8.4.1　基于属性的测试

基于属性的测试包括为测试用例生成数据，其目标是找到导致代码失败的场景，这是在我们之前的单元测试中没有涉及的。

基于属性的测试主库是 hypothesis，它与单元测试一起配置，这个测试主库将帮助我们找到会造成代码失败的有问题的数据。

可以想象，这个库所做的是为代码找到反例。我们编写了生产代码（以及它的单元测试），并声称它是正确的。现在，通过这个库，我们定义了一些 hypothesis，使之必须适用于所编写的代码，即便在某些情况下断言不适用，这些 hypothesis 将给出一组导致错误的数据。

单元测试最大的优点是让我们更多地思考生产代码，而 hypothesis 最大的优点是让我们更多地思考单元测试。

8.4.2　突变测试

我们知道测试是正式的验证方法，必须确保代码是正确的。那究竟什么确保测试是正确的呢？你可能会认为是生产代码，是的，在某种程度上这是正确的，我们可以将主代码看作测试的平衡。

编写单元测试的要点是，我们要保护自己不受 bug 的影响，并且测试我们不希望在生产中发生的失败场景。测试通过是件好事，但如果是因为错误的原因而通过测试就不好了。也就是说，如果有人在代码中引入错误，我们可以使用单元测试作为自动回归工具，然后希望至少有一个测试能够捕捉到错误并失败。如果没有发生这种情况，要么是缺少一个测试，要么是测试没有做正确的检查。

这就是突变测试背后的逻辑。使用突变测试工具，代码将被修改为新版本（称为突变体）——它们是原始代码的变体，但其中的一些逻辑被更改了，如操作符被交换、条件被反转等。一个好的测试套件应能捕获这些突变体并杀死它们，在这种情况下，这意味着我们可以依赖于测试。如果一些突变体在实验中存活下来，这通常是一个不好的信号。当然，这并不完全精确，所以我们可能想忽略一些中间状态。

为了展示突变测试的工作原理，并让你对其有一个实际的了解，我们将使用代码的另一个版本，根据批准和拒绝的数量计算合并请求的状态。这一次，我们给出了一个修改过的简单版本，该版本基于这些数字返回结果。我们已经将带有状态常数的枚举移动到一个单独的模块中，这样它看起来更紧凑：

```
# File mutation_testing_1.py
from mrstatus import MergeRequestStatus as Status

def evaluate_merge_request(upvote_count, downvotes_count):
    if downvotes_count > 0:
        return Status.REJECTED
    if upvote_count >= 2:
        return Status.APPROVED
    return Status.PENDING
```

现在，我们将添加一个简单的单元测试，检查其中一个条件及其预期 result：

```
# file: test_mutation_testing_1.py
class TestMergeRequestEvaluation(unittest.TestCase):
    def test_approved(self):
        result = evaluate_merge_request(3, 0)
        self.assertEqual(result, Status.APPROVED)
```

接着，我们将安装 mutpy，一个用于 Python 的突变测试工具，它使用 pip install mutpy 语句安装，并告诉该工具使用以下这些测试语句来运行这个模块的突变测试：

```
$ mut.py \
    --target mutation_testing_$N \
    --unit-test test_mutation_testing_$N \
    --operator AOD '# delete arithmetic operator' \
    --operator AOR '# replace arithmetic operator' \
    --operator COD '# delete conditional operator' \
    --operator COI '# insert conditional operator' \
    --operator CRP '# replace constant' \
    --operator ROR '# replace relational operator' \
    --show-mutants
```

这个测试的结果将类似于下面这样：

```
[*] Mutation score [0.04649 s]: 100.0%
    - all: 4
    - killed: 4 (100.0%)
    - survived: 0 (0.0%)
    - incompetent: 0 (0.0%)
    - timeout: 0 (0.0%)
```

这是个好兆头。让我们借一个特殊的示例来分析发生了什么。输出中的一行显示了以下突变：

```
- [# 1] ROR mutation_testing_1:11 :
------------------------------------------------------
 7: from mrstatus import MergeRequestStatus as Status
 8:
 9:
10: def evaluate_merge_request(upvote_count, downvotes_count):
~11:     if downvotes_count < 0:
12:         return Status.REJECTED
13:     if upvote_count >= 2:
14:         return Status.APPROVED
15:     return Status.PENDING
```

```
----------------------------------------------------
[0.00401 s] killed by test_approved
(test_mutation_testing_1.TestMergeRequestEvaluation)
```

注意，该突变体由第 11 行操作符更改后的原始版本组成（>for<），并且结果告诉我们该突变体已被测试杀死。这意味着如果使用这个版本的代码（想象一下，有人错误地做了更改），那么函数的结果会是 APPROVED，因为测试希望它将是 REJECTED 的，事实上它也确实失败了，这是一个好的迹象（测试发现了引入的缺陷）。

突变测试是保证单元测试质量的一种好方法，但是它需要一些努力和仔细的分析。在复杂的环境中使用这个工具，我们将不得不花费一些时间来分析每个场景。同样，运行这些测试必须付出很大的代价，因为它们需要多次运行不同版本的代码，这可能会占用太多的资源，并且可能需要更长的时间来完成。然而，手工进行这些检查代价更大，并且需要更多的工作。完全不做这些检查可能会更危险，因为这将危及测试的质量。

8.5 测试驱动开发的简要介绍

有许多专门介绍测试驱动开发（Test_Driven Development，TDD）的图书，在本书中全面地讨论这个主题是不现实的。然而，这是一个如此重要的话题，以至于我们不得不提及它。

TDD 背后的逻辑是，某种程度上来说，应该在生产代码之前编写测试，而生产代码的编写只是为了响应由于缺少功能实现而失败的测试。

我们想先编写测试，然后再编写代码的原因有很多。从实用的角度来看，我们将相当准确地覆盖生产代码。由于编写所有生产代码的目的均是为了响应单元测试，因此极不可能存在有功能缺失的测试（当然了，这并不意味着有 100%的覆盖，但是即使它们没有完全覆盖，至少所有主要功能、方法或组件都还有各自的测试）。

工作流很简单，在高层次由 3 个步骤组成。首先，我们编写一个单元测试，它描述了我们需要实现的一些东西。当我们运行这个测试时，它将失败，因为这个功能还没有被实现。之后，我们继续实现满足该条件的最少所需代码，然后再次运行测试。这次，测试应该会通过。现在，我们可以改进（重构）代码。

这个循环被称为著名的 red-green-refactor（红-绿-重构），这意味着在开始时，测试失败（红色），然后我们让它们通过测试（绿色），接着我们继续重构代码并迭代它。

8.6　小结

单元测试是一个非常有趣和深入的主题，但更重要的是，它是实现代码整洁的关键部分。最终，单元测试决定代码的质量。单元测试常常充当代码的一面"镜子"：当代码易于测试、清晰且设计正确时，将反映在单元测试中。

单元测试的代码与生产代码一样重要。适用于生产代码的所有原则也适用于单元测试。这意味着它们应该以同样的努力和深思熟虑来设计和维护。如果我们不关心单元测试，它们将开始出现问题，并变得有缺陷（或有问题），结果是这些测试将是无用的。如果发生这种情况，它们会很难维护，从而就会成为一种负担，使事情变得更糟，因为人们往往会忽视它们或完全禁用它们。这是最糟糕的情况，因为一旦发生这种情况，整个生产代码就处于危险之中。盲目前进（没有单元测试）会导致灾难。

幸运的是，Python 提供了许多用于单元测试的工具，包括标准库和通过 pip 提供的工具。它们非常有用，从长远来看，在配置它们上投入时间确实会得到回报。

我们看到了单元测试作为程序的正式规范工作和一个软件按照规范工作的证明，也了解到当发现新的测试场景时，总有改进的余地，我们总是可以创造更多的测试。从这个意义上说，用不同的方法扩展单元测试（例如基于属性的测试或突变测试）是一项很好的投资。

第 9 章
常见的设计模式

自著名的设计模式四人组（GoF）在著作 *Design Patterns: Elements of Reuseable Object-Oriented Software* 中首次提出设计模式以来，设计模式一直是软件工程中一个广泛的主题。设计模式有助于解决适用于特定场景的抽象的常见问题。当它们被正确地实现时，解决方案的设计可以从中受益。

本章中，我们将查看一些最常见的设计模式，但不是从特定条件下应用工具的角度（一旦设计好了模式），而是分析设计模式如何有助于构建整洁代码。给出实现设计模式的解决方案之后，我们分析了最终的实现方案为什么相对而言是更好的，就好像我们选择了不同的路径一样。

作为分析的一部分，我们将看到如何在 Python 中具体实现设计模式。因此，我们将看到 Python 的动态特性意味着与其他静态类型化语言相比实现上的一些差异，而许多设计模式最初都是为其他静态类型化语言考虑的。这意味着，当涉及 Python 时，你应该记住设计模式的一些特殊之处，并且在某些情况下，尝试在并不真正适合设计模式的地方应用设计模式是非 Python 方式的。

通过学习本章的内容，你应了解以下内容：常见的设计模式；不适用于 Python 的设计模式，以及应该遵循的惯用方法；使用 Python 风格的方法实现最常见的设计模式；理解好的抽象是如何自然地演变成模式的。

9.1　Python 中设计模式的注意事项

面向对象的设计模式是软件构建的思想，当我们处理正在解决问题的模型时，这些思想出现在不同的场景中。因为它们是高级思想，所以很难将它们与特定的编程语言联系起来。相反，它们是关于对象在应用程序中如何交互的更一般的概念。当然，它们的实现细节会因语言的不同而有所不同，但这并不是设计模式的本质差异。

这就是设计模式的理论，它是一个抽象的概念，表达了解决方案中对象布局的概念。有很多其他书籍和资源都在介绍面向对象设计，特别是面向对象设计的设计模式，所以在这本书中，我们将重点讨论使用 Python 的实现细节。

考虑到 Python 的本质，有一些经典的设计模式其实是并不需要的。这意味着 Python 已经支持使得这些模式不可见的特性。有些人认为它们在 Python 中不存在，但请记住，不可见并不意味着不存在。它们就在那里，只是嵌入 Python 本身中，所以很可能不会引起我们的注意。

其他实现要简单得多——这同样要归功于 Python 语言的动态特性，而且实际上与在其他平台上几乎相同，只略有不同。

无论如何，在 Python 中实现代码整洁的重要目标是知道要实现什么模式以及如何实现。这意味着要认识到 Python 已经抽象的一些模式，以及我们如何利用它们。例如，它会完全非 Python 风格，以试图实现迭代器模式的标准定义（就像我们会在其他不同的语言中做的那样），因为（正如我们已经讨论过）迭代是深深地扎根在 Python 中的，事实上，我们可以创建直接在 for 循环上工作的对象，使得它通过正确的方式进行工作。

一些创建型模式也发生了类似的事情。类是 Python 中的常规对象，函数也是。正如我们目前已经在几个示例中所看到的那样，它们可以被传递、修饰、重新分配等。这意味着，无论我们想对对象进行什么样的定制化处理，都可以在不需要任何特定的工厂类设置的情况下完成。此外，Python 中没有用于创建对象的特殊语法（如没有新关键字）。这也是在大多数情况下，一个简单的函数调用能像工厂类一样有效的另一个原因。

还有一些其他模式也是必要的，我们将看到如何通过一些小的调整，充分利用该语言提供的特性（魔法方法或标准库），使它们更符合 Python 的语言风格。

在所有可用的模式中，并不是所有的模式都被使用得同样频繁，也不是所有的模式都有用，所以我们将关注主要的模式，即那些我们希望在应用程序中看到最多的模式，我们将通过遵循实用的方法来实现这一点。

9.2 有效的设计模式

正如 GoF 所写，本主题中的规范参考介绍了 23 种设计模式，每种模式都属于创造性、结构性和行为性类别之一。现有的模式或变体甚至更多，但我们不应该把所有这些模式都背下来，而是应该集中精力记住两件事。首先，有些模式在 Python 中是不可见的，我们可能在没有注意到的情况下就使用了它们。其次，并非所有模式都是常见的，其中一些非常有用，因此经常可以找到它们，而另一些则适用于更具体的情况。

本节重新讨论最常见的模式，这些模式最有可能出现在设计中。请注意这里"出现"这个词的用法。这个词很重要。我们不应该强制将设计模式应用到我们正在构建的解决方案中，而是应该演进、重构和改进我们的解决方案，直到出现一个模式。

因此，设计模式不是发明出来的，而是被发现的。当在代码中反复出现的情况暴露出来时，类、对象和相关组件的一般和更抽象的布局就会出现在我们用来标识模式的名称之下。

继续考虑同样的事情，但是现在向后看，我们意识到设计模式的名称包含了很多概念。这可能是关于设计模式最好的事情：它们提供了一种语言。通过设计模式，我们能够更容易有效地沟通设计思想。当两个或更多的软件工程师共享相同的词汇表时，其中一个提到 builder，其余的人可以立即想到所有的类，以及它们之间的关系，它们的机制是什么，等等，而不需要重复这个解释。

你将注意到，本章展示的代码与有关设计模式的规范或讨论中的原始设想不同。原因不止一个。第一个原因是这些例子采用了更实用的方法，针对特定场景的解决方案，而不是探索通用的设计理念；第二个原因是，模式是用 Python 的特性实现的，在某些情况下，这些特性非常微妙，但在其他情况下，差异是显而易见的，通常可以简化代码。

9.2.1 创建型模式

在软件工程中，创建型模式是那些处理对象实例化，试图抽象复杂性（如确定参数来初始化一个对象，可能需要的所有相关对象，等等），为了给用户留下一个更简单的接口（使用更安全）的东西。对象创建的基本形式可能导致设计问题或增加设计的复杂性。

创建型设计模式通过某种方式控制对象创建来解决这个问题。

在创建对象的 5 种模式中，我们将主要讨论用于避免单例模式的变体，并将其替换为 Borg 模式（在 Python 应用程序中最常用），还要讨论它们的区别和优点。

1. 工厂模式

正如前文提到的，Python 的一个核心特性是，所有东西都是一个对象，因此，它们都可以被平等地对待。这意味着类、函数或自定义对象对于我们来说没有什么特别的区别。它们都可以通过参数、赋值等传递。

正因如此，许多工厂模式并不是真正需要的。我们可以简单地定义一个函数来构造一组对象，甚至可以通过参数传递所要创建的类。

2. 单例模式和共享态（monostate）

单例模式并不是完全由 Python 抽象出来的。事实上，大多数时候，不是真的需要这种模式，或者说它就是一种糟糕的选择。单例有很多问题（毕竟，它们实际上是面向对象软件的全局变量的一种形式，因此是一种不好的实践）。它们很难进行单元测试，且可能随时被任何对象修改，这导致它们很难预测，而且它们的副作用可能非常成问题。

作为一个普遍的原则，我们应该尽量避免使用单例模式。如果在某些极端的情况下，必须用到单例模式，那么在 Python 中实现这一点的最简单方法就是使用模块。我们可以在模块中创建一个对象，一旦该对象创建好了，那么在导入该模块的任何地方都是可以使用这个对象的。Python 本身可以确保模块已经是单例的模式，从某种意义上说，无论它们被导入多少次，从多少个地方导入，要加载到 sys.modules 中的模块总是相同的。

（1）**共享态**。无论如何调用、构造或初始化对象，与其强迫设计只有一个单例（在这个单例中只有单一实例被创建），还不如跨多个实例复制数据。

单例模式（参见 *SNGMONO*）的思想是，我们可以有许多实例只是普通对象，而不必关心它们是否是单例对象（因为它们只是对象）。这种模式的好处是，这些对象将以完全透明的方式同步其信息，而我们则无须担心这在内部是如何工作的。这使得这种模式成为一个更好的选择，因为它不但便捷，而且更不容易出错，并且很少有单例模式的缺点（如单例模式的可测试性、创建派生类等）。

我们可以在许多层次上使用这个模式，这取决于需要同步多少信息。

在其最简单的形式中，我们可以假设只需要一个属性就可以反映所有实例。如果是这种情况，那么实现就像使用类变量一样简单，并且我们只需要提供一个正确的接口来更新和检索属性的值。

假设我们有一个对象，它必须根据最新 tag 在 Git 存储库中提取一个版本的代码。这个对象可能有多个实例，当每个客户端调用这个方法以获取代码的时候，这个对象将使用其属性中的 tag 版本。在任何时候，这个 tag 都可以更新为一个新的版本，并且我们希望任何其他实例（新的或已经创建的）在调用 fetch 操作时使用这个新的分支，如下面的代码所示：

```
class GitFetcher:
    _current_tag = None

    def __init__(self, tag):
        self.current_tag = tag

    @property
    def current_tag(self):
        if self._current_tag is None:
            raise AttributeError("tag was never set")
        return self._current_tag

    @current_tag.setter
    def current_tag(self, new_tag):
        self.__class__._current_tag = new_tag

    def pull(self):
        logger.info("pulling from %s", self.current_tag)
        return self.current_tag
```

你可以简单地验证，使用不同版本创建 GitFetcher 类型的多个对象，你将会发现在任何时候它都会使用最新版本设置所有对象，如下面的代码所示：

```
>>> f1 = GitFetcher(0.1)
>>> f2 = GitFetcher(0.2)
>>> f1.current_tag = 0.3
>>> f2.pull()
0.3
>>> f1.pull()
0.3
```

在某些情况下，如果我们需要使用更多的属性，或者希望进一步封装共享属性以使设计更清晰，就可以使用描述符。

如下面的代码所示，使用一个描述符解决问题，事实上它确实需要更多的代码，它还封装了一个更具体的职责，并且部分代码实际上远离了我们的原始类，使得它们其中一个更有内聚性和符合单一职责原则：

```python
class SharedAttribute:
    def __init__(self, initial_value=None):
        self.value = initial_value
        self._name = None

    def __get__(self, instance, owner):
        if instance is None:
            return self
        if self.value is None:
            raise AttributeError(f"{self._name} was never set")
        return self.value

    def __set__(self, instance, new_value):
        self.value = new_value

    def __set_name__(self, owner, name):
        self._name = name
```

除了这些考虑，事实上就目前来说，该模式更具可复用性。如果我们想重复这个逻辑，只需要创建一个新的描述符对象（符合 DRY 原则）。

如果我们现在想做同样的事情，但是对于当前的分支，我们创建这个新的类属性，并且保持类的其余部分不变，同时仍然保留所需的逻辑，如下面的代码所示。

```python
class GitFetcher:
    current_tag = SharedAttribute()
    current_branch = SharedAttribute()

    def __init__(self, tag, branch=None):
        self.current_tag = tag
        self.current_branch = branch

    def pull(self):
        logger.info("pulling from %s", self.current_tag)
        return self.current_tag
```

到目前为止，对于这种新方法的平衡和权衡我们应该已经清楚了。虽然这个新实现使用了比以前更多的代码，但它是可复用的，所以从长远来看它节省了代码行（和重复的逻辑）。同样，请参考3个或更多实例规则来决定是否应该创建这样的抽象。

此解决方案的另一个重要好处是，它还减少了重复的单元测试。在这里，复用代码会给我们把控解决方案的总体质量带来更多信心，因为现在我们只需要编写描述符对象的单元测试，而不是使用它的所有类（我们可以安全地假定它们是正确的，只要单元测试证明描述符是正确的）。

（2）**Borg 模式**。前面的解决方案应该适用于大多数情况，但是如果我们真的必须使用单例（这是一个非常好的例外），那么还有最后一个更好的替代方案，只是这个方案风险更大。

这是实际的单例模式，在 Python 中称为 Borg 模式。其思想是创建一个对象，这个对象能够在同一个类的所有实例中复制其所有属性。事实上，每一个属性被复制都必须是一个警告，告诉我们要记住不希望出现的副作用。尽管如此，与单例模式相比，这种模式有许多优点。

在本示例中，我们将把前面的对象分成两个部分，一个在 Git 标记上工作，另一个在分支上工作。我们使用的代码将使 Borg 模式工作：

```python
class BaseFetcher:
    def __init__(self, source):
        self.source = source

class TagFetcher(BaseFetcher):
    _attributes = {}

    def __init__(self, source):
        self.__dict__ = self.__class__._attributes
        super().__init__(source)

    def pull(self):
        logger.info("pulling from tag %s", self.source)
        return f"Tag = {self.source}"

class BranchFetcher(BaseFetcher):
    _attributes = {}
```

```
    def __init__(self, source):
        self.__dict__ = self.__class__._attributes
        super().__init__(source)

    def pull(self):
        logger.info("pulling from branch %s", self.source)
        return f"Branch = {self.source}"
```

　　这两个对象都有一个基类，共享它们的初始化方法。但是之后，为了使 Borg 逻辑能够工作，必须再次实现它。其思想是我们使用一个类属性（它是一个字典）来存储属性，然后我们使用相同的字典，构造每个对象的字典（在初始化时）。这意味着，对象字典的任何更新都将反映在类中，对于其他对象也是一样的，因为它们的类是相同的，而字典是作为引用传递的可变对象。换句话说，当我们创建这种类型的新对象时，它们都将使用相同的字典，并且这个字典会不断地更新。

　　注意，我们不能将字典的逻辑放在基类上，因为这会在不同类的对象之间混合值，这是我们所不想要的。这个样板解决方案会让许多人认为它实际上是一个习语，而不是模式。

　　实现 DRY 原则的一种可能的抽象方法是创建 mixin 类，如下面的代码所示：

```
class SharedAllMixin:
    def __init__(self, *args, **kwargs):
        try:
            self.__class__._attributes
        except AttributeError:
            self.__class__._attributes = {}

        self.__dict__ = self.__class__._attributes
        super().__init__(*args, **kwargs)

class BaseFetcher:
    def __init__(self, source):
        self.source = source

class TagFetcher(SharedAllMixin, BaseFetcher):
    def pull(self):
        logger.info("pulling from tag %s", self.source)
        return f"Tag = {self.source}"
```

```
class BranchFetcher(SharedAllMixin, BaseFetcher):
    def pull(self):
        logger.info("pulling from branch %s", self.source)
        return f"Branch = {self.source}"
```

这次，如果字典不存在的话，我们将使用 mixin 类来创建包含类中所有属性的字典，然后继续以同样的逻辑执行。

这个实现应该不会有继承方面的任何主要问题，所以它是一个更可行的替代方案。

3．建造者模式

建造者模式是一种有趣的模式，它抽象了对象的所有复杂初始化。这种模式不依赖于语言的任何特殊性，所以它在 Python 中与在任何其他语言中一样适用。

虽然它解决了一个有效的案例，但通常也是一个复杂的案例，更有可能出现在框架、库或 API 的设计中。与为描述符提供的建议类似，我们应该保留此实现，以备在我们希望公开一个将要被多个用户消费的 API 的情况下使用。

这个模式的高级思想是我们需要创建一个复杂的对象，这个对象也需要许多其他对象来协同工作。与其让用户创建所有这些辅助对象，然后将它们分配给主对象，不如创建一个抽象，允许所有这些操作都在一个步骤中完成。为了实现这一点，我们将有一个建造者对象，它知道如何创建所有的部分并将它们链接在一起，为用户提供一个接口（可能是一个类方法），以参数化关于结果对象应该是什么样子的所有信息。

9.2.2 结构型模式

在需要创建更简单的接口或对象的情况下，结构型模式非常有用，这些接口或对象通过扩展功能而不增加接口的复杂性变得更加强大。

关于这种模式最好的一点是，我们可以创建更有趣的对象，使其具有增强的功能，并且我们可以以一种整洁的方式实现这一点，也就是说，通过组合多个单一对象（最明显的例子是组合模式），或者通过收集许多简单且内聚的接口。

1．适配器模式

适配器模式可能是现有的最简单的设计模式之一，同时也是最有用的设计模式之一。适配器模式也称为包装器，此模式解决了调整两个或多个不兼容对象的接口的问题。

我们通常会遇到这样的情况，即部分代码与一个模型或一组类一起工作，这些模型或者类对于一个方法来说是多态的。例如，如果有多个对象用于检索数据（使用 fetch() 方法），那么我们希望维护这个接口，这样就不必对代码进行重大更改。

但是，当我们需要添加一个新的数据源时，这个数据源却没有 fetch() 方法。更糟的是，这种类型的对象不但不兼容，而且我们也无法控制它（可能是由另一个团队决定这个 API，我们无法修改代码）。

我们不直接使用这个对象，而是将它的接口用于所需要的对象。有两种方法可以做到这一点。

第一种方法是创建一个类（该类继承自所希望使用的类），并为方法创建别名（如果需要，它还必须去适应参数和签名）。

通过继承的方法，我们导入外部类并创建一个新的类来定义新方法，调用具有不同名称的类。在这个示例中，假设外部依赖中有一个名为 search() 的方法，这个方法只需要一个参数来进行搜索，因为它以一种不同的方式查询，所以 adapter 方法不但调用外部依赖的方法，而且它也将相应的参数进行转化，如下面的代码所示：

```
from _adapter_base import UsernameLookup

class UserSource(UsernameLookup):
    def fetch(self, user_id, username):
        user_namespace = self._adapt_arguments(user_id, username)
        return self.search(user_namespace)
        @staticmethod
        def _adapt_arguments(user_id, username):
            return f"{user_id}:{username}"
```

可能类已经派生自另一个类，在这种情况下，它将以多个继承的形式结束，这是 Python 支持的，所以这不应该是一个问题。然而，正如我们以前多次看到的，继承带有更多的耦合（谁知道还有多少其他方法是从外部库中携带的？），而且是不灵活的。从概念上讲，它也不是正确的选择，因为我们为规范（一种 is-a 的关系）的情况保留了继承，在这种情况下，根本不清楚对象必须是一个由第三方库所提供的类型（特别是因为我们不完全理解对象）。

因此，更好的方法是使用组合。假设我们可以为对象提供一个 UsernameLookup 实例，那么代码就和在采用参数之前重新定向请求一样简单，如下面的代码所示。

```
class UserSource:
    ...
    def fetch(self, user_id, username):
        user_namespace = self._adapt_arguments(user_id, username)
        return self.username_lookup.search(user_namespace)
```

如果我们需要采用多种方法，并且也可以设计一种通用的方法来调整它们的签名，那么使用__getattr__() 这个魔法方法将请求重新定向到被包装的对象可能是值得的，但是与一般的实现一样，我们应该注意不要增加解决方案的复杂性。

2. 组合模式

程序的某些部分要求我们处理由其他对象构成的对象。我们有定义良好逻辑的基础对象，然后我们将有其他的容器对象，这些容器对象将对一堆基础对象进行分组，而我们面临的挑战是我们希望在不注意任何差异的情况下处理它们（基础对象和容器对象）。

对象在树状层次结构中构造，其中基本对象是树上的叶子，组合对象是中间节点。客户端可能希望调用其中任何一个，以获得所调用方法的结果。然而，组合对象将充当客户端，它也将把这个请求连同它包含的所有对象一起传递，不管它们是叶子还是其他中间注释，直到它们全部被处理为止。

想象一个简化版本的在线商店，在这个商店中有我们的产品。假设我们提供了对这些产品进行分组的可能性，并且为每组产品提供一个折扣。一个产品有一个价格，当顾客来付款时，这个价格就会被问及。但是一个分组的产品也有一个必须计算的价格。我们将有一个对象来表示包含产品的这个组，并将询问价格的职责委托给每个特定的产品（也可能是另一组产品），以此类推，直到没有其他东西可计算为止。代码如下：

```
class Product:
    def __init__(self, name, price):
        self._name = name
        self._price = price

    @property
    def price(self):
        return self._price

class ProductBundle:
```

```
def __init__(
    self,
    name,
    perc_discount,
    *products: Iterable[Union[Product, "ProductBundle"]]
) -> None:
    self._name = name
    self._perc_discount = perc_discount
    self._products = products

@property
def price(self):
    total = sum(p.price for p in self._products)
    return total * (1 - self._perc_discount)
```

我们通过属性公开公共接口，并将 price 保留为私有属性。ProductBundle 类使用此属性计算值，并应用折扣，方法是首先添加它包含的所有产品的所有价格。

这些对象之间唯一的不同之处在于，它们是用不同的参数创建的。为了完全兼容，我们应该尝试模拟相同的接口，然后添加额外的方法来将产品添加到包中，但是要使用允许创建完整对象的接口。不需要这些额外的步骤是一个优势，证明了这个小的差异。

3. 装饰器模式

不要混淆装饰器模式和 Python 装饰器的概念——我们在第 5 章中讨论过了。它们有一些相似之处，设计模式的思想却大不相同。

装饰器模式允许我们动态地扩展某些对象的功能，而不需要继承。在创建更灵活的对象时，它是一种很好的替代多重继承的方法。

我们将创建一个结构，让用户定义一组操作（修饰）应用于一个对象，并将看到每个步骤是如何按照指定的顺序进行的。

下面的代码示例是一个对象的简化版本，该对象使用传递给它的参数以字典的形式构造查询（例如，它可能是一个用于查询 elasticsearch 的对象，但是代码只需要关注装饰器模式而无须关注具体的实现）。

在其最基本的形式中，查询只返回字典及其创建时提供的数据。客户端希望使用这个对象的 render() 方法：

```
class DictQuery:
    def __init__(self, **kwargs):
        self._raw_query = kwargs

    def render(self) -> dict:
        return self._raw_query
```

现在，我们希望通过对数据应用转换（过滤值、标准化值等）以不同的方式呈现查询。我们可以创建装饰器并将它们应用于 render 方法，但这不够灵活，如果我们想在运行时更改它们怎么办？或者如果我们想选择其中的一些，而不是其他的怎么办？

本设计是要创建另一种对象，这些对象具有相同的接口和通过多个步骤增强（装饰）原有效果的能力，并且它们是可以组合使用的。这些对象是链式的，它们中的每一个都做了它最初应该做的事情，还做了一些其他的事情。这是一个特殊的装饰步骤。

因为 Python 有鸭子类型，所以我们不需要创建一个新的基类，并将这些新对象与 DictQuery 一起作为该层次结构的一部分。仅仅创建一个具有 render()方法的新类就足够了（同样，多态性不需要继承）。这个过程如下面的代码所示：

```
class QueryEnhancer:
    def __init__(self, query: DictQuery):
        self.decorated = query

    def render(self):
        return self.decorated.render()

class RemoveEmpty(QueryEnhancer):
    def render(self):
        original = super().render()
        return {k: v for k, v in original.items() if v}

class CaseInsensitive(QueryEnhancer):
    def render(self):
        original = super().render()
        return {k: v.lower() for k, v in original.items()}
```

QueryEnhancer 语句有一个与 DictQuery 的客户端所期望的接口兼容的接口，因此它们是可互换的。这个对象被设计用来接收一个装饰过的对象。它将从中获取值并进行转换，返回修改后的代码版本。

如果我们想删除所有赋值为 False 的值，并将它们标准化，以形成原始查询，则必须使用以下模式：

```
>>> original = DictQuery(key="value", empty="", none=None,
upper="UPPERCASE", title="Title")
>>> new_query = CaseInsensitive(RemoveEmpty(original))
>>> original.render()
{'key': 'value', 'empty': '', 'none': None, 'upper': 'UPPERCASE', 'title':
'Title'}
>>> new_query.render()
{'key': 'value', 'upper': 'uppercase', 'title': 'title'}
```

我们还可以利用 Python 的动态特性和函数是对象的事实，以不同的方式实现这种模式。我们可以使用提供给基本装饰器对象（QueryEnhancer）的函数来实现这个模式，并将每个装饰步骤定义为一个函数，如下面的代码所示：

```
class QueryEnhancer:
    def __init__(
        self,
        query: DictQuery,
        *decorators: Iterable[Callable[[Dict[str, str]], Dict[str, str]]]
    ) -> None:
        self._decorated = query
        self._decorators = decorators

    def render(self):
        current_result = self._decorated.render()
        for deco in self._decorators:
            current_result = deco(current_result)
        return current_result
```

对于客户端来说，没有任何变化，因为该类通过其 render()方法维护兼容性。但是，在内部这个对象的使用方式略有不同，如下面的代码所示：

```
>>> query = DictQuery(foo="bar", empty="", none=None, upper="UPPERCASE",
title="Title")
>>> QueryEnhancer(query, remove_empty, case_insensitive).render()
{'foo': 'bar', 'upper': 'uppercase', 'title': 'title'}
```

在上面的代码中，remove_empty 和 case_insensitive 只是转换字典的常规函数。

在本示例中，基于函数的方法似乎更容易理解。有些情况下，可能存在更复杂的规则，这些规则依赖于来自被修饰对象的数据（不仅是其结果）。在这些情况下，使用面向对象的方法可能是值得的，特别是如果我们真的想创建一个对象层次结构的时候，其中每个类实际上代表一些我们想要在设计中明确的知识。

4．外观模式

外观模式是一个很好的模式。它在许多我们想要简化对象之间交互的情况下都是非常有用的。该模式适用于多个对象之间存在多对多关系的情况，并且我们希望它们进行交互。我们没有创建所有的这些连接，而是将一个中间对象放在许多对象前面，来充当外观模式。

外观模式在这个布局中起着枢纽或单一参考点的作用。每当一个新对象想要连接到另一个对象时，它不必为它需要连接的所有 N 个可能的对象都提供 N 个接口，而是只需要与外观模式通信，这将相应地重新定向请求。外观模式后面的所有东西对于其他外部对象来说都是完全不透明的。

除了主要和明显的好处（对象的解耦），这种模式还鼓励使用更简单的设计、更少的接口和更好的封装。

这种模式不仅可以用于改进领域问题的代码，还可以用于创建更好的 API。如果我们使用这种模式并提供一个单一接口作为代码的一个事实点或入口点，那么我们的用户将更容易与公开的功能进行交互。不仅如此，通过公开功能和隐藏在接口后面的所有内容，我们可以多次随意更改或重构底层代码。因为只要底层代码位于外观模式后面，它就不会破坏向后兼容性，而且我们的用户也不会受到影响。

请注意，这种使用外观模式的想法不仅限于对象和类，而且还适用于包（从技术上讲，包是 Python 中的对象，但仍然适用）。我们可以利用外观模式的概念来决定包的布局，也就是说，什么是用户可见的和可导入的，什么是内部的和不应该被直接导入的。

创建一个目录来构建一个包时，我们将__init__ .py 文件和其他文件放置在一起。这是模块的根，是一种外观模式。其余的文件定义要导出的对象，但是这些对象不应该由客户端直接导入。init 文件应该导入它们，然后客户端应该从那里获取它们。这将创建一个更好的接口，因为用户只需要知道一个单一入口点来获取对象，更重要的是，包（其余部分的文件）可以根据需要多次重构或重新排序，并且只要主 API 在 init 文件中已经维护好了，就不会影响到客户。为了构建可维护的软件，将这样的原则牢记于心是非常重要的。

在 Python 本身中有一个这样的例子，即 os 模块。这个模块对操作系统的功能进行分组，但是在它的下面，使用 posix 模块来处理可移植操作系统接口（Portable Operating System Interface，POSIX）操作系统（在 Windows 平台中称为 nt）。其思想是，因为可移植性，我们永远都不应该直接导入 posix 模块，而应该始终导入 os 模块，由这个模块决定从哪个平台调用它，并公开相应的功能。

9.2.3 行为模式

行为模式旨在解决对象应该如何协作、如何通信，以及它们在运行时的接口应该是什么等问题。

我们主要讨论责任链模式、模板方法模式、命令模式、状态模式。

这可以通过继承静态地完成，也可以通过组合动态地完成。不管模式使用什么，我们将在下面的示例中看到，这些模式的共同点是结果代码在某种意义上是更好的，无论是因为它避免了重复，还是创建了好的抽象（这个抽象相应地封装行为并解耦我们的模型）。

1. 责任链模式

现在我们再来看看事件系统。我们希望从日志行（例如，从 HTTP 应用程序服务器转储的文本文件中）解析关于系统上发生事件的信息，并希望以一种方便的方式提取这些信息。

之前，我们实现了一个有趣的解决方案，它符合打开/关闭原则和依赖使用 __subclasses__()这个魔法方法来发现所有可能的事件类型和使用正确的事件处理数据，通过封装在每个类上的方法解析责任。

这个解决方案对我们的目的而言是有效的，并且它是相当可扩展的。下面我们将看到这个设计模式还会带来额外的好处。

这里的想法是，我们将以稍微不同的方式创建事件。每个事件仍然有逻辑来确定它是否可以处理特定的日志行，但是它也将有一个继承者。这个继承者是一个新事件，是行中的下一个事件，它将继续处理文本行，以防第一个事件无法处理。逻辑其实很简单：

我们将事件链接起来，每个事件都试图处理数据。如果它可以处理，那么它只返回结果；如果它不能处理，它将传递给它的继承者并重复执行，如下面的代码所示：

```python
import re

class Event:
    pattern = None

    def __init__(self, next_event=None):
        self.successor = next_event

    def process(self, logline: str):
        if self.can_process(logline):
            return self._process(logline)

        if self.successor is not None:
            return self.successor.process(logline)

    def _process(self, logline: str) -> dict:
        parsed_data = self._parse_data(logline)
        return {
            "type": self.__class__.__name__,
            "id": parsed_data["id"],
            "value": parsed_data["value"],
        }

    @classmethod
    def can_process(cls, logline: str) -> bool:
        return cls.pattern.match(logline) is not None

    @classmethod
    def _parse_data(cls, logline: str) -> dict:
        return cls.pattern.match(logline).groupdict()

class LoginEvent(Event):
    pattern = re.compile(r"(?P<id>\d+):\s+login\s+(?P<value>\S+)")

class LogoutEvent(Event):
    pattern = re.compile(r"(?P<id>\d+):\s+logout\s+(?P<value>\S+)")
```

使用这个实现，我们创建 event 对象，并按照处理其特定顺序来排列它们。因为都有一个 process()方法，所以它们对这个消息是多态的，因此其对齐顺序对客户端是完全透明的，而且它们中的任何一个也是透明的。不仅如此，process()方法也具有相同的逻辑：如果所提供的数据对于处理它的对象类型是正确的，那么它将尝试提取信息；如果不正确，它将数据移动到行中的下一个对象。

这样，我们可以按照以下方式处理（process）登录事件：

```
>>> chain = LogoutEvent(LoginEvent())
>>> chain.process("567: login User")
{'type': 'LoginEvent', 'id': '567', 'value': 'User'}
```

注意 LogoutEvent 是如何接收 LoginEvent 作为它的继承者的，当它被要求处理一些它无法处理的东西时，它会重新定向到正确的对象。正如我们从字典上的 type 键看到的那样，LoginEvent 实际上创建了那个字典。

这个解决方案足够灵活，并且与前面的解决方案共享一个有趣的特性——所有条件都是互斥的。只要没有冲突，并且没有一个数据块有多个处理程序，那么按任何顺序处理事件都不是问题。

但如果我们不能做出这样的假设呢？在前面的实现中，我们仍然可以更改__subclasses__()的调用，按照我们的标准列出一个列表来调用__subclasses__()，这将非常有效。如果我们希望在运行时（例如由用户或客户端）确定优先级顺序，该怎么办？那将是一个缺点。

有了新的解决方案，就有可能实现这样的需求，因为我们在运行时组装链，所以我们可以根据需要动态地操作它。

例如，现在我们添加一个通用类型，它对登录和注销会话事件进行分组，如下面的代码所示：

```
class SessionEvent(Event):
    pattern = re.compile(r"(?P<id>\d+):\s+log(in|out)\s+(?P<value>\S+)")
```

如果出于某种原因，在应用程序的某些部分中，我们希望在登录事件之前捕获此信息，可以通过以下 chain 来完成：

```
chain = SessionEvent(LoginEvent(LogoutEvent()))
```

例如，通过更改顺序，我们可以说一般会话事件的优先级高于登录事件的优先级，但不高于注销事件的优先级，等等。

这种模式与对象一起工作的事实使得它相对于我们以前的实现更加灵活，以前的实现依赖于类（虽然它们仍然是 Python 中的对象，但它们并没有被排除在某种程度的刚性之外）。

2. 模板方法模式

模板方法是一种模式，当正确实现时，它会产生重要的好处。主要是它允许我们复用代码，而且它还使我们的对象更灵活、更容易更改，同时保留了多态性。

它的思想是，有一个类层次结构来定义一些行为，例如它的公共接口的一个重要方法。层次结构的所有类共享一个公共模板，可能只需要更改其中的某些元素。我们的想法是将这个通用逻辑放在父类的公共方法中，这个父类将在内部调用所有其他（私有）方法，这些方法就是派生类将要修改的方法，因此模板中的所有逻辑都被复用。

你可能已经注意到，我们在上一节中已经实现了这种模式（作为责任链示例的一部分）。注意，从 Event 派生的类只实现它们特定模式的一件事。对于其余的逻辑，模板位于 Event 类中。process 事件是通用的，并且依赖于两个辅助方法 can_process()和 process()（会反过来调用_parse_data()）。

这些额外的方法依赖于类属性模式。因此，为了用一个新的对象类型扩展方法，我们只需要创建一个新的派生类并放置正则表达式就可以了。在此之后，逻辑的其余部分将被继承，并且这个新属性将被更改。这将复用大量代码，因为用于处理日志行的逻辑在父类中定义一次，而且只定义了一次。

这使得设计更加灵活，因为保留多态性也很容易实现。如果我们需要一个新的事件类型，由于某种原因需要用不同的方式来解析数据，那么我们只重写该子类中的私有方法，兼容性会保持下来，并且只要它返回与原始方法相同的类型（遵守里氏替换原则和打开/关闭原则）。这是因为它是从派生类调用方法的父类。

如果我们正在设计自己的库或框架，这种模式也很有用。通过这样安排逻辑，我们赋予用户能够很容易地更改其中一个类的行为的能力。他们必须创建一个子类并重写特定的私有方法，结果将是一个具有新行为的新对象，该新行为保证与原始对象的先前调用方兼容。

3. 命令模式

命令模式为我们提供了将需要执行的操作从被请求的时刻分离到实际执行的能力。

不仅如此，它还可以将客户端发出的原始请求与其接收方分开，后者可能是不同的对象。在本节中，我们将主要关注模式的第一个方面，即我们可以将订单的运行方式与实际执行时间分开。

我们知道可以通过实现__call__()魔法方法来创建可调用的对象，因此我们可以初始化对象，然后稍后调用它。事实上，如果这是唯一的要求，我们甚至可以通过嵌套函数来实现这一点。嵌套函数通过闭包创建另一个函数来实现延迟执行的效果。实际上，这种模式可以扩展到不那么容易实现的目标。

其思想是，命令也可以在定义之后进行修改。这意味着客户端指定一个命令去运行，然后可能更改它的一些参数，添加更多选项，等等，直到有人最终决定执行该操作。

这方面的示例可以在与数据库交互的库中找到。例如，在 psycopg2（一个 PostgreSQL 客户端库）中，我们建立了一个连接。从这里，我们得到一个游标，然后可以将 SQL 语句传递给该游标来运行。当我们调用 execute 方法时，对象的内部表示发生了变化，但是数据库中实际上什么也没有运行。当我们调用 fetchall()（或类似的方法）时，数据才会被查询并在游标中可用。

在流行的对象关系映射器 SQLAlchemy（Object Relational Mapper SQLAlchemy，ORM SQLAlchemy）中也发生了相同的情况。一个查询是通过几个步骤定义的，一旦我们有了 query 对象，我们仍然可以与它交互（添加或删除过滤器、更改条件、申请订单，等等），直到我们决定要查询的结果。调用每个方法后，query 对象更改其内部属性并返回 self（本身）。

这些例子类似于我们想要实现的行为。创建此结构的一个非常简单的方法是使用一个对象来存储要运行的命令的参数。在此之后，它还必须提供与这些参数交互的方法（添加或删除过滤器等）。我们还可以选择向该对象添加跟踪或日志功能，以审计已经发生的操作。最后，我们需要提供一个实际执行操作的方法。这个函数可以是__call__()，也可以是自定义函数。我们把它命名为 do()。

4．状态模式

状态模式是软件设计中具体化的一个明显例子，它使领域问题的概念成为一个明确的对象，而不仅是一个边值。

第 8 章有一个表示合并请求的对象，它有一些与之关联的状态（打开、关闭等）。我们使用枚举类型来表示这些状态，此时数据只是由特定的字符串所代表的状态。如果它们必须有一些行为，或者整个合并请求必须根据其状态和转换执行一些操作时，那么这还不够。

我们向代码的一部分添加行为（运行时结构），这一事实必须让我们从对象的角度来考虑问题，因为这毕竟是对象应该做的事情。这就是具体化——状态不能只是一个字符串的枚举，它需要是一个对象。

假设我们必须向合并请求添加一些规则，例如，当合并请求从"打开"移动到"关闭"时，所有批准都将被删除（它们必须再次检查代码），并且当合并请求刚打开时，批准数将设置为零（无论它是否是重新打开的，或者是一个全新的合并请求）。另一个规则是，当合并请求被合并时，我们希望删除源分支，当然，我们希望禁止用户执行无效的转换（例如，不能合并已经关闭的合并请求等）。

如果把所有逻辑放在一个地方，即 MergeRequest 类中，那么将得到一个有很多责任的类（一个糟糕的设计），可能有很多方法，以及非常大量的 if 语句。要遵循代码并理解哪个部分应该表示哪个业务规则是很困难的。

最好将其分配到更小的对象中，每个对象的责任都更少，状态对象是实现这一点的好地方。我们为每种想要表示的状态创建一个对象，并且在它们的方法中，我们使用前面提到的规则放置转换的逻辑。然后 MergeRequest 对象将有一个状态合作者，而它反过来也将了解 MergeRequest（需要双调度机制来运行 MergeRequest 上的适当操作并处理转换）。

我们首先定义了一个抽象基类和一组要实现的方法，然后为我们想要表示的每个特定 state 定义一个子类。接着 MergeRequest 对象将所有操作委托给 state，如下面的代码所示：

```python
class InvalidTransitionError(Exception):
    """Raised when trying to move to a target state from an unreachable
    source
    state.
    """


class MergeRequestState(abc.ABC):
```

```python
    def __init__(self, merge_request):
        self._merge_request = merge_request

    @abc.abstractmethod
    def open(self):
        ...

    @abc.abstractmethod
    def close(self):
        ...

    @abc.abstractmethod
    def merge(self):
        ...

    def __str__(self):
        return self.__class__.__name__

class Open(MergeRequestState):
    def open(self):
        self._merge_request.approvals = 0

    def close(self):
        self._merge_request.approvals = 0
        self._merge_request.state = Closed

    def merge(self):
        logger.info("merging %s", self._merge_request)
        logger.info("deleting branch %s",
        self._merge_request.source_branch)
        self._merge_request.state = Merged

class Closed(MergeRequestState):
    def open(self):
        logger.info("reopening closed merge request %s",
         self._merge_request)
        self._merge_request.state = Open

    def close(self):
        pass

    def merge(self):
        raise InvalidTransitionError("can't merge a closed request")
```

```
class Merged(MergeRequestState):
    def open(self):
        raise InvalidTransitionError("already merged request")

    def close(self):
        raise InvalidTransitionError("already merged request")

    def merge(self):
        pass

class MergeRequest:
    def __init__(self, source_branch: str, target_branch: str) -> None:
        self.source_branch = source_branch
        self.target_branch = target_branch
        self._state = None
        self.approvals = 0
        self.state = Open

    @property
    def state(self):
        return self._state

    @state.setter
    def state(self, new_state_cls):
        self._state = new_state_cls(self)

    def open(self):
        return self.state.open()

    def close(self):
        return self.state.close()

    def merge(self):
        return self.state.merge()

    def __str__(self):
        return f"{self.target_branch}:{self.source_branch}"
```

关于实现细节和应该做出的设计决策的一些说明如下。

（1）因为状态是一个属性，所以它不但是公共的，而且在一个单独的地方定义了如何为合并请求创建状态，并将 self 作为参数传递。

（2）抽象基类并不是严格必需的，但是有它会带来很多好处。首先，它使我们要处理的对象类型更加明确；其次，它强制每个子状态实现接口的所有方法。对此，有两种选择。

- 我们本来可以不放置方法，并让 AttributeError 在尝试执行无效操作时引发，但这是不正确的，它没有表示发生了什么。

- 与这一点相关的事实是，我们本可以只使用一个简单的基类并将那些方法保留为空，但是默认不做任何事情的行为并不能让我们更清楚应该发生什么。如果子类中的一个方法不应该执行任何操作（就像合并的情况一样），那么最好让空方法待在那里，并让它明确表示，对于特定的情况，不应该执行任何操作，不要将逻辑强制应用于所有对象。

（3）MergeRequest 和 MergeRequestState 之间是有联系的。在进行转换时，前一个对象将不会有额外的引用，并且应该进行垃圾回收，因此这个关系应该总是 1∶1 的。考虑到一些更小和更详细的因素，我们可以使用弱引用。

下面的代码展示了如何使用该对象的一些示例：

```
>>> mr = MergeRequest("develop", "master")
>>> mr.open()
>>> mr.approvals
0
>>> mr.approvals = 3
>>> mr.close()
>>> mr.approvals
0
>>> mr.open()
INFO:log:reopening closed merge request master:develop
>>> mr.merge()
INFO:log:merging master:develop
INFO:log:deleting branch develop
>>> mr.close()
Traceback (most recent call last):
...
InvalidTransitionError: already merged request
```

转换状态的操作被委托给 state 对象，一般情况下转换状态的操作在任何时候都是 MergeRequest 持有的（这可以是 ABC 的任何子类）。由于它们都知道如何响应相同的消息（以不同的方式），因此这些对象将采取相应于每个转换的适当操作（删除分支、引发异常等），然后将 MergeRequest 移动到下一个状态。

因为 MergeRequest 将所有操作委托给它的 state 对象，所以我们会发现，每当它需要执行的操作以 self.state.open() 的形式出现时，通常都会发生这种典型的情况。我们能去掉一些样板文件吗？

可以的，我们可以通过 __getattr__() 实现，如下面的代码所示：

```python
class MergeRequest:
    def __init__(self, source_branch: str, target_branch: str) -> None:
        self.source_branch = source_branch
        self.target_branch = target_branch
        self._state: MergeRequestState
        self.approvals = 0
        self.state = Open

    @property
    def state(self):
        return self._state

    @state.setter
    def state(self, new_state_cls):
        self._state = new_state_cls(self)

    @property
    def status(self):
        return str(self.state)

    def __getattr__(self, method):
        return getattr(self.state, method)

    def __str__(self):
        return f"{self.target_branch}:{self.source_branch}"
```

一方面，我们复用一些代码并删除重复的行是很好的。这使抽象基类更有意义。在某个地方，我们希望将所有可能的操作都记录下来，并在一个单独的地方列出。那个地方曾经是 MergeRequest 类，但是现在那些方法都没有了，所以这个事实的唯一剩余来源在 MergeRequestState 中。幸运的是，state 属性上的类型注解对用户知道在哪里查找接口定义是非常有用的。

用户只需简单地查看一下，就可以看到 MergeRequest 没有的所有内容都将被问到其 state 属性。从 init 定义中，注解将告诉我们这是一个 MergeRequestState 类型的对象，并且通过查看这个接口，我们将看到，我们可以安全地在它的上面请求 open()、close() 和 merge() 方法。

9.3　空对象模式

空对象模式是一个与本书前几章提到的与良好实践相关的概念。在这里，我们将它形式化，并为这个想法提供更多的上下文描述和分析。

原理是相当简单的：函数或方法必须返回一致类型的对象。如果保证了这一点，那么我们代码的客户端就可以使用多态性返回的对象了，而不必对它们进行额外的检查。

在前面的示例中，我们探讨了 Python 的动态特性是如何使大多数设计模式更容易实现的。在某些情况下，它们完全消失，而在另一些情况下，它们又更容易实现。设计模式最初的主要目标是，方法或函数不应该直接命名它们工作所需的对象的类。出于这个原因，设计模式建议创建接口，并重新安排对象，使它们适合这些接口，以便修改设计。但大多数情况下，在 Python 中不需要这样做，我们可以传递不同的对象，只要它们遵守它们必须具有的方法，那么解决方案就会发挥作用。

另外，对象不一定必须遵守接口这一事实要求我们对从这些方法和函数返回的东西要更加小心。就像我们的函数没有对它们接收到的内容做任何假设一样，我们也可以假定代码的客户端同样也不会做任何假设（提供可兼容的对象是我们的责任）。这可以通过契约式的设计来实施或验证。在这里，我们将探索一个简单的模式，它将帮助我们避免这类问题。

考虑上一节探讨的责任链模式，我们看到了它的灵活性，以及它的许多优点，例如将责任解耦为更小的对象。但是存在的一个问题是，我们实际上永远不知道哪个对象最终会处理消息（如果有的话）。特别是，在我们的示例中，如果没有合适的对象来处理日志行，那么该方法将只能返回 None。

我们不知道用户将如何使用我们传递的数据，但我们知道他们希望使用字典。因此，可能会出现以下错误：

```
AttributeError: 'NoneType' object has no attribute 'keys'
```

在这种情况下，修复相当简单——process()方法的默认值应该是一个空字典，而不是 None。

确保代码返回的对象类型是一致的。

但是，如果方法没有返回字典，而是域的自定义对象，那么我们该怎么办？

要解决这个问题，我们应该有一个类来表示该对象的空状态并返回它。如果系统中有一个代表用户的类，以及一个根据用户 ID 查询用户的函数，那么在没有找到用户的情况下，它应该执行以下两项操作之一：引发一个异常；返回 UserUnknown 类型的对象。

但在任何情况下都不应该返回 None。语句 None 不代表刚刚发生的事情，调用方可能会合法地尝试向它询问方法，但是使用 AttributeError 时会失败。

我们在前面已经讨论过异常以及它的优缺点了，所以我们应该提到，这个 null 对象应该具有与原始用户相同的方法，并且对它们中的每一个都不做任何操作。

使用这种结构的好处是，我们不仅避免了运行时的错误，而且这个对象可能很有用。它可以使代码更容易测试，甚至可以帮助调试（也许我们可以将日志记录放入方法中，以理解为什么达到那样的状态，以及向其提供了什么数据，等等）。

通过利用 Python 几乎所有魔法方法，可以创建一个通用 null 对象，无论如何调用它，它什么都不做，但是几乎可以从任何客户端调用它。这样的对象有点类似于 Mock 对象。但是这条路是不可取的，原因如下。

（1）它在领域问题上失去了意义。回到示例，拥有一个 UnknownUser 类型的对象是有意义的，这让调用方清楚地知道查询出了什么问题。

（2）它不遵守原始接口。这是有问题的。记住，要点是 UnknownUser 是一个用户，因此它必须具有相同的方法。如果调用方忽然请求一个不存在的方法，那么在这种情况下，它应该引发一个 AttributeError 异常，这样的提示是很好的。通过使用可以做任何事情并对任何事情做出响应的通用的 null 对象，我们将丢失这个信息，并且可能会出现 bug。如果我们选择使用 spec=User 创建一个 Mock 对象，那么这种异常就会被捕捉，但是需要再次强调的是，使用一个 Mock 对象来表示什么是实际上的空状态，无法达到验证代码的目的。

这个模式是一个很好的实践，它允许我们在对象中维护多态性。

9.4　关于设计模式的最后想法

我们已经看到了 Python 中设计模式的世界，通过使用这些设计模式，我们找到了常见问题的解决方案，以及帮助我们实现整洁设计的更多技术。

所有这些听起来都很好，但这里回避了一个问题：设计模式到底有多好？有些人认为它们弊大于利，它们是为那些类型系统有限（缺少一流的函数）的语言创建的，这些语言无法完成我们在 Python 中直接就可以完成的事情；另一些人则认为设计模式强制设计解决方案，产生了一些偏见，限制了本来会出现的设计，而这种设计本来会更好。让我们依次看看这些点。

9.4.1　模式对设计的影响

与软件工程中的任何其他主题一样，设计模式本身并不是好的或坏的，而是在于它是如何实现的。在某些情况下，实际上不需要设计模式，更简单的解决方案就可以了。试图在不适合的地方强制使用模式是一种过度设计的情况，这显然是不好的，但这并不意味着设计模式存在问题，而且在这些场景中，问题很可能根本与模式无关。有些人试图对所有东西都进行过度的工程设计，因为他们不理解灵活和适应性强的软件的真正含义。正如我们在本书前面提到的，制作好的软件不是为了预测未来的需求（研究未来学是没有意义的），而是以一种不会阻止我们在未来对它进行更改的方式解决我们手头上的问题。它现在不需要处理这些变化，它只需要足够灵活，以便将来可以修改。当那个未来到来的时候，在提出一个通用的解决方案或适当的抽象之前，我们仍然必须记住相同问题的 3 个或更多实例的规则。

一旦我们正确地识别了问题，并且能够识别模式并相应地进行抽象，这通常是设计模式应该出现的地方。

让我们回到模式对语言的适用性这个主题。正如我们在本章中所说，设计模式是高层次的思想，它们通常指对象之间的关系及其交互。很难想到这些东西会从一种语言消失到另一种语言中。确实，有些模式实际上是在 Python 中手动实现的，就像迭代器模式

（在本书前面有大量讨论，迭代器模式是用 Python 构建的）或一种策略（因为我们只是将函数作为任何其他通用对象传递，所以我们不需要将策略方法封装到对象中，函数本身就是对象）。

但是实际上还需要其他模式，它们确实可以解决问题，就像装饰器和组合模式的情况一样。在其他情况下，Python 本身实现了一些设计模式，但是我们并不总是看到它们，就像我们谈及 OS 时所讨论的外观模式一样。

对于把解决方案引向错误方向的设计模式，我们在这里必须小心。同样，如果我们通过考虑领域问题和创建正确的抽象开始设计解决方案，然后再看看是否存在从该设计中产生的设计模式，这样做会更好。假设存在，这是件坏事吗？事实上，我们正在努力解决的问题已经有了解决方案，这不可能是件坏事。重复选轮子不是一件好事情，类似的事情在软件开发领域已经发生过很多次了。此外，我们正在应用一个已经被证明和验证过的模式，这一事实应该使我们对正在构建的内容的质量有更大的信心。

9.4.2 模型中的名称

我们应该提到我们正在使用一个设计模式吗？

如果代码的设计较好且整洁，那么代码是可以做到自解释的。出于以下原因，不建议你以使用的设计模式命名。

（1）代码的用户和其他开发人员不需要知道代码背后的设计模式，只要它能按预期工作即可。

（2）陈述设计模式破坏了揭示原则的意图。将设计模式的名称添加到类中会使其失去部分原有含义。如果一个类表示一个查询，那么它应该被命名为 query 或 EnhancedQuery，这样的名称揭示了该对象应该做什么的意图。EnhancedQueryDecorator 没有任何意义，并且 Decorator 后缀造成的混乱多于清晰。

在文档字符串中提到设计模式可能是可以接受的，因为它们作为文档工作，并且在设计中表达设计思想（再次强调，通信）是一件好事。然而，这不应该是必需的。在大多数情况下，我们不需要知道是否存在设计模式。

最好的设计是那些设计模式对用户完全透明的设计。这方面的一个例子是外观模式如何出现在标准库中，使用户如何访问 os 模块完全透明。一个更优雅的例子是，迭代器设计模式是如何被语言完全抽象的，以至于我们甚至不需要考虑它。

9.5　小结

设计模式一直被视为经过验证的解决常见问题的解决方案。这是一个正确的评估，但在本章中，我们从良好的设计技术、利用整洁代码的模式的角度来探讨它们。在大多数情况下，我们研究了它们如何提供一个良好的解决方案来保存多态性、减少耦合、创建正确的抽象，以及根据需要封装细节，探讨了与第 8 章中的概念相关的所有特性。

尽管如此，关于设计模式最好的事情不是我们可以从应用它们中所获得的整洁的设计，而是扩展的词汇表。作为一种通信工具，我们可以用它们的名字来表达我们的设计意图。有时候，我们需要应用的并不是整个模式，但是我们可能需要从解决方案中获取模式的特定思想（如子结构），在这里，它们也被证明是一种更有效的通信方式。

通过思考模式来创建解决方案时，我们是在更一般的层次上解决问题。从设计模式的角度思考，使我们更接近更高层次的设计。我们可以慢慢地“缩小”，从架构的角度进行更多的思考。现在我们正在解决更普遍的问题，是时候开始考虑如何发展和长期维护系统了（它将如何缩放、更改、适应，等等）。

要使软件项目在这些目标中取得成功，需要在核心处有整洁的代码，架构也必须是整洁的，这是我们将在下一章中讨论的内容。

第 10 章
整洁架构

本章重点讨论在整个系统的设计中，如何将所有内容整合在一起。这是一个更加理论化的章节。由于该主题的性质过于复杂，因此无法深入研究更底层的细节。此外，关键是要精准地避开这些细节，因此假设你已经吸收了前面章节中探讨的所有原则，并且现在将全部的重点放在大规模系统的设计上。

学完本章，你应能设计能够长期维护的软件系统；通过维护质量属性，有效地处理软件项目；研究应用于代码的所有概念通常如何与系统相关联。

10.1 从整洁代码到整洁架构

本节讨论的是，当考虑大型系统的各个方面时，前几章中强调的概念是如何以略微不同的形式重新出现的。应用于更详细的设计和代码的概念与应用于大型系统和架构，这两者有一个有趣的相似之处。

前几章探讨的概念与单体应用程序有关，通常是一个项目，它可能是源代码控制版本系统（git）的单个存储库（或多个）。这并不是说这些设计理念只适用于代码或者在思考架构时它们是无用的。有两个原因：第一，代码是架构的基础，而且，如果不仔细写代码，无论架构经过怎样的深思熟虑，该系统都将会失败；第二，前几章重新讨论的一些原则并不适用于代码，而适用于设计思想。最明显的例子来自设计模式，它们是高层次的思想。有了它们，我们可以快速了解代码架构中的组件是如何出现的，而不需要了解代码的细节。

但是大型企业系统通常由许多这样的应用程序组成，现在是时候开始考虑以分布式计算系统的形式进行更大的设计了。

在接下来的几节中，我们将讨论贯穿全书的主要主题，虽然这些主题在前面几章已经讨论过，但现在是从系统的角度重新进行讨论。

10.1.1　关注点分离

在应用程序中有多个组件，它们的代码被划分为其他子组件，例如模块或包，模块又被划分为类或函数，类又被划分为方法。在整本书中，重点一直是保持这些组件尽可能小，特别是在函数的情况下——函数应该只做一件事，并且尽可能小。并且，我们提出了若干理由来证明这一基本原理。小的函数更容易理解、跟踪和调试，也更容易测试。代码越少，就越容易为其编写单元测试。

对于每个应用程序的组件，我们需要不同的特性，主要是高内聚和低耦合。通过将组件划分为更小的单元，每个单元都有单一的且明确定义的责任，我们可以实现更好的结构，从而更容易管理更改。面对新的需求时，将只有一个"合法"的地方会有更改，代码的其余部分应该不受影响。

在谈论代码时，我们用"组件"（component）来指代这些内聚单元中的一个（例如，它可能是一个类）。当谈到架构时，组件意味着系统中可以被视为工作单元的任何东西。组件这个术语本身就非常模糊，所以在软件架构中没有一个普遍接受的定义来更具体地说明它意味着什么。工作单元的概念可能因项目而异。组件应该能够独立于系统的其他部分，以自己的周期发布或部署。这正是一个系统的一部分，也就是整个应用。

对于 Python 项目，组件不但可以是包，而且也可以是服务。请注意如何在同一类别下考虑具有不同粒度级别的两个不同概念。举个例子，我们在前几章中使用的事件系统可以看作一个组件。这是一个工作单位，它带有一个明确的目的（丰富由日志识别的事件），它可以独立于其他部分部署（是否作为一个 Python 包，或者是否作为服务公开其功能），并且它是整个系统的一部分，而不是整个应用程序本身。

在前几章的示例中，我们已经看到了惯用代码，并且还强调了代码良好设计的重要性，使用具有单个良好定义的责任的对象，这些对象是孤立的、正交的，同样也是更容易维护的。同样的标准适用于详细设计细节（函数、类、方法），也适用于软件架构的组件。

大型系统只包含一个组件可能是不可取的。单体应用程序将作为事实的单一来源，负责系统中的所有事情，这将带来许多不希望得到的结果（更难隔离和识别更改，难以有效地测试，等等）。同样，如果我们不小心把所有东西都放在一个地方，我们的代码将更难维护，如果应用程序的组件没有得到同等程度的关注，应用程序将会遇到类似的问题。

在系统中创建内聚组件的想法可以有多个实现，这取决于我们需要的抽象级别。

一种选择是标识可能被多次复用的公共逻辑，并将其放在 Python 包中（我们将在本章后面讨论其细节）。

另一种选择是在微服务架构中将应用程序分解为多个较小的服务。其思想是让组件遵循单一且定义良好的职责，并通过使这些服务协作和交换信息来实现与单体应用程序相同的功能。

10.1.2　抽象

这是再次出现封装的地方。在我们的系统中（就像我们对代码所做的那样），我们希望用领域问题的术语来描述，并尽可能隐藏实现细节。

正如代码必须具有表达性（几乎达到自文档化的程度），并且具有揭示本质问题解决方案的正确抽象（最小化意外的复杂性）一样，架构应该告诉我们系统是关于什么的。诸如用于在磁盘上持久存储数据的解决方案、Web 框架的选择、用于连接外部代理的库，以及系统之间的交互等细节，与架构并不相关。与之相关的是系统的功能，诸如 scream 架构（SCREAM）之类的概念反映了这个想法。

依赖反转原则（DIP）在这方面有很大的帮助（在第 4 章中解释过），我们不希望依赖于具体的实现，而是希望依赖于抽象。在代码中，我们将抽象（或接口）放在边界、依赖、应用程序中（我们无法控制将来可能更改的那些部分）。我们这样做是因为我们想要反转依赖。让它们适应我们的代码（通过遵守接口规范），而不是反过来。

创建抽象和依赖关系是很好的实践，但只有它们还不够。我们希望整个应用程序是独立的，并且隔离在我们无法控制的事物之外。这不仅需要抽象对象，甚至还需要抽象层。

这在详细设计方面是一个微妙但是却重要的差异。在 DIP 原则中，建议创建一个接口，例如，可以使用标准库中的 abc 模块来实现。因为 Python 使用鸭子类型工作，虽然使用抽象类可能有帮助，但这不是强制性的，因为我们可以轻松地对常规对象实现相同的效果，只要它们符合所需的接口规范。Python 的动态类型特性允许我们使用这些替代方法。当从系统架构的角度考虑，这就是个问题了。随着示例的深入，我们将更加清楚地认识到，我们需要完全抽象依赖，然而 Python 没有任何特性可以为我们做到这一点。

有些人可能会说："哎呀，ORM 就是一个很好的数据库抽象，不是吗？"但是，实际上这是不够的。由于 ORM 本身是一个依赖，因此不受我们的控制。在 ORM 的 API 和我们的应用程序之间创建一个中间层（适配器）会更好。

这意味着我们不仅用 ORM 抽象数据库，还用在它上面创建的抽象层来定义属于域的对象。

然后，应用程序导入此组件，并使用此层提供的实体，而不是反过来。抽象层不应该知道应用程序的逻辑，更真实的情况是，数据库应该对应用程序本身一无所知。如果是这种情况，数据库将与我们的应用程序耦合。其目标是转换依赖——此层提供 API，并且希望连接的每个存储组件都必须符合此 API。这就是六角架构（HEX）的概念。

10.2　软件组件

我们现在有一个很大的系统，我们需要扩展它。它还必须是可维护的。在这一点上，关注点不仅是技术上的，而且是组织上的。这意味着它不仅仅与管理软件存储库有关，因为每个存储库很可能属于一个应用程序，并且由拥有该部分系统的团队维护。

这要求我们牢记如何将大型系统划分为不同的组件。这可以分为许多阶段，从非常简单的方法（如创建 Python 包）到微服务架构中更复杂的场景。

当涉及不同的语言时，情况可能会更加复杂，但是在本章中，我们将假设它们都是 Python 项目。

这些组件之间是需要交互的，就像团队一样。这样的大规模的协作之所以能够实现，是因为所有的组件都通过接口交互。

10.2.1　包

Python 包是一种以更通用的方式分发软件和复用代码的方便方法。已经构建好的包可以发布到构件库（如公司的内部 PyPi 服务器）中，其他需要它的应用程序将从构件库中下载它。

这种方法背后的动机有很多，主要原因是想大量复用代码，同时也是想实现代码在概念上的完整性。

在这里，我们讨论打包 Python 项目（可以在构件库中发布）的基础知识。默认存储库可以是 PyPi，但也可以是内部存储库，或者使用相同的基础知识自定义设置构件库。

我们将模拟我们已经创建了一个小型库，并将这个小型库作为一个示例来回顾要考虑的要点。

除了所有可用的开源库，有时我们可能需要一些额外的功能，例如我们的应用程序反复使用某个特定的习惯用法，或者严重依赖某个功能或机制，而团队已经为这些特定的需求设计了一个更好的功能。为了更有效地工作，我们可以将这个抽象放到一个库中，并鼓励所有团队成员使用它提供的习惯用法，因为这样做将有助于避免错误和减少 bug。

可能我们可以找到无数适用于这个场景的例子。也许应用程序需要提取大量.tag.gz文件（以特定的格式），并且在过去遇到过最终导致路径遍历攻击的恶意文件的安全问题。作为一种缓解措施，安全抽象自定义文件格式的功能被放在一个库中，这个库包装了默认文件格式并添加了一些额外的检查。这听起来是个好主意。

或者这里可能有一个配置文件必须以特定的格式编写或解析，而且这需要按照顺序遵循许多步骤。同样，创建一个帮助函数来包装这些逻辑，并在所有需要帮助函数的项目中使用它。这是一项很好的投资，不仅因为它节省了大量代码重复，而且还因为它使出错变得更加困难。

这样做的好处是其不仅符合 DRY 原则（避免代码重复，鼓励代码复用），而且一个抽象的方法可以完成一个单独的功能，从而有助于实现概念上的完整性。

一般来说，一个库的最小布局应该是这样的：

```
.
├── Makefile
├── README.rst
├── setup.py
├── src
│   └── apptool
```

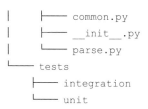

```
│      ├─── common.py
│      ├─── __init__.py
│      └─── parse.py
└─── tests
     ├─── integration
     └─── unit
```

重要的部分是 setup.py 文件，该文件包含了包的定义。在这个文件中，指定了项目的所有重要定义（需求、依赖、名称、描述等）。

src 下的 apptool 目录是我们正在处理的库的名称。这是一个典型的 Python 项目，所以我们把所有需要的文件都放在这里。

setup.py 文件的一个例子如下：

```python
from setuptools import find_packages, setup

with open("README.rst", "r") as longdesc:
    long_description = longdesc.read()

setup(
    name="apptool",
    description="Description of the intention of the package",
    long_description=long_description,
    author="Dev team",
    version="0.1.0",
    packages=find_packages(where="src/"),
    package_dir={"": "src"},
)
```

这个最小的示例包含项目的关键元素。setup 函数中的 name 参数用于给出包在存储库中的名称（在这个名称下，我们运行安装它的命令，在本例中是 pip install apptool）。它并不需要严格要求匹配项目目录的名称（src/apptool），因此强烈推荐使用它，这对用户来说操作更容易。

在这个示例中，两个名称都匹配，因此更容易看到 pip install apptool 与在代码中运行 from apptool import myutil 之间的关系。但是后者对应于 src/ 目录下的名称，前者对应于 setup.py 文件中指定的名称。

版本对于保持不同发布的持续运行很重要，然后指定包。通过使用 find_packages()

函数，我们可以自动发现包中的所有内容，在本例中是在 src/目录下。在这个目录下搜索有助于避免混淆项目范围之外的文件，例如，意外发布的测试或项目结构损坏的文件等。

包是通过运行以下命令构建的，假设它在安装了依赖的虚拟环境中运行。

```
$VIRTUAL_ENV/bin/pip install -U setuptools wheel
$VIRTUAL_ENV/bin/python setup.py sdist bdist_wheel
```

这将把工件放在 dist/目录中，稍后可以从这个目录中将它们发布到 PyPi 或公司的内部包存储库中。

打包 Python 项目的关键点如下。

（1）测试并验证安装是独立于平台的，并且它不依赖于任何本地设置（这可以通过将源文件放在 src/目录下实现）。

（2）确保单元测试不会作为正在构建的包的一部分发送。

（3）独立的依赖——项目严格要求运行的内容与开发人员需要的不一样。

（4）为最需要的命令创建入口点是一个好主意。

setup.py 文件支持多个其他参数和配置，并且可以被更复杂的方式影响。如果包需要安装多个操作系统库，在 setup.py 文件中编写一些逻辑来编译和构建所需的扩展是一个很好的办法。使用这种方式，如果有错误，它将在安装过程的早期失败，并且，如果包提供了有用的错误消息，用户将能够更快地修复依赖并继续运行。

安装这样的依赖代表了另一个困难的步骤，它使应用程序更加通用，并且无论开发人员选择什么平台，都可以轻松地运行。克服这一障碍的最佳方法是通过创建 Docker 映像来抽象平台，我们将在下一节中讨论这一点。

10.2.2 容器

本章专注于讨论架构，所以"容器"这个术语指的是与 Python 容器（具有__contains__方法的对象）完全不同的东西，后者在第 2 章中进行了探讨。容器是一个在操作系统中运行的进程，它在一个具有特定限制和隔离考虑的组下运行。具体来说，我们指的是 Docker 容器，它允许将应用程序（服务或流程）作为独立组件来管理。

容器代表了交付软件的另一种方式。基于上一节的考虑，创建 Python 包更适合于库或框架，它们的目标是复用代码，以及利用收集特定逻辑的单个位置。

对于容器来说，目标不是创建库，而是创建应用程序（大多数情况下）。然而，应用程序或平台并不一定意味着整个服务。构建容器的想法是创建小组件，这些组件表示具有小和明确目的的服务。

本节在讨论容器时会提到 Docker，并探讨如何为 Python 项目创建 Docker 映像和容器的基础知识。记住，这不是将应用程序启动到容器中的唯一技术，而且它是完全独立于 Python 的。

Docker 容器需要一个映像来运行，这个映像是由其他基本映像创建的。但是我们创建的映像本身可以作为其他容器的基本映像。如果应用程序中有一个可以跨许多容器共享的公共基础，那么我们将希望这样做。一个潜在的用途是创建一个基本映像，这个映像以我们在前一节中描述的方式安装一个包（或多个包），以及它的所有依赖（包括操作系统级别的依赖）。正如在第 9 章中所讨论的，我们创建的包不仅依赖于其他 Python 库，还依赖于特定的平台（特定的操作系统）和预先安装在该操作系统中的特定库，没有这些库，包就无法安装，并且会运行失败。

容器是一个很好的可移植性工具。它可以帮助我们确保我们的应用程序有一个规范的运行方式，并且它还将大大简化开发过程（跨环境复制场景、复制测试、新团队成员的加入等）。

包是我们复用代码和统一标准的方式，容器代表了我们创建应用程序的不同服务的方式。它们满足架构的关注点分离（Separation of Concerns，SoC）原则背后的标准。每个服务都是另一种组件，这种组件将独立于应用程序的其他部分封装一组功能。这些容器的设计应该有利于可维护性，如果责任划分明确，服务中的更改不应该影响应用程序的任何其他部分。

10.3 节将介绍如何从 Python 项目创建 Docker 容器的基础知识。

10.3 用例

为了说明如何组织应用程序组件以及前面的概念在实践中如何工作，我们给出以下简单的示例。

用例是有一个交付服务的应用程序,这个应用程序有一个特定的服务来跟踪每个交付在其不同阶段的状态。我们将只关注这个特定的服务,而不管应用程序的其余部分如何显示。该服务必须非常简单——一个 REST API,当被问及特定订单的状态时,它将返回一个带有描述性信息的 JSON 响应。

我们将假设每个特定订单的信息都存储在数据库中,但是这个细节一点也不重要。

目前,服务有两个主要关注点:获取关于特定订单的信息(来自存储该订单的任何地方),并以一种有用的方式向客户端显示该信息(在本例中,以 JSON 格式交付结果,作为 Web 服务公开)。

由于应用程序必须具有可维护性和可扩展性,因此我们希望尽可能隐藏这两个关注点,并将重点放在主逻辑上。因此,这两个细节被抽象并封装到 Python 包中,主应用程序的核心逻辑将使用这个包,如下图所示。

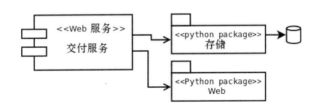

在接下来的几节中,我们将主要从包的角度简要地演示代码是如何出现的,以及如何从这些包创建服务,以便最终看到我们可以推断出什么结论。

10.3.1 编码

在本例中,之所以创建 Python 包,是为了说明如何抽象和隔离组件,以便使之更有效地工作。实际上,没有必要将这些包变成 Python 包。我们可以创建正确的抽象作为"交付服务"项目的一部分,并且在保持正确的隔离的同时,使项目没有任何问题地工作。

如果存在重复的逻辑,并且希望跨许多其他应用程序使用(这些应用程序将从这些包导入)这些逻辑,那么创建包就更有意义了,因为我们希望支持代码复用。在这个具体的案例中,没有这样的需求,所以这有可能超出了设计的范围,但这样的特性使得"可插拔架构"或组件的概念更加明确了——有时候组件是一个包装器,抽象了我们不想处理的技术细节。

storage 包负责检索所需的数据，并以一种方便的格式将其呈现给下一层（交付服务），这种格式适用于业务规则。主应用程序现在应该知道这些数据来自何处、格式是什么，等等。这就是我们在两者之间使用这种抽象的全部原因，这样应用程序就不会直接使用行或 ORM 实体，而是使用一些切实可行的东西。

1. 域模型

以下定义用于业务规则的类。注意，它们是纯业务对象，即不绑定到任何特定的对象。它们不是 ORM 的模型，也不是外部框架的对象。应用程序应该处理这些对象（或处理具有相同标准的对象）。

在每种情况下，文档字符串都根据业务规则记录每个类的用途：

```python
from typing import Union

class DispatchedOrder:
    """An order that was just created and notified to start its
delivery."""

    status = "dispatched"

    def __init__(self, when):
        self._when = when

    def message(self) -> dict:
        return {
            "status": self.status,
            "msg": "Order was dispatched on {0}".format(
                self._when.isoformat()
            ),
        }

class OrderInTransit:
    """An order that is currently being sent to the customer."""

    status = "in transit"

    def __init__(self, current_location):
        self._current_location = current_location
```

```
    def message(self) -> dict:
        return {
            "status": self.status,
            "msg": "The order is in progress (current location:
{})".format(
                self._current_location
            ),
        }


class OrderDelivered:
    """An order that was already delivered to the customer."""

    status = "delivered"

    def __init__(self, delivered_at):
        self._delivered_at = delivered_at

    def message(self) -> dict:
        return {
            "status": self.status,
            "msg": "Order delivered on {0}".format(
                self._delivered_at.isoformat()
            ),
        }


class DeliveryOrder:
    def __init__(
        self,
        delivery_id: str,
        status: Union[DispatchedOrder, OrderInTransit, OrderDelivered],
    ) -> None:
        self._delivery_id = delivery_id
        self._status = status

    def message(self) -> dict:
        return {"id": self._delivery_id, **self._status.message()}
```

从这段代码中，我们已经可以了解应用程序将是什么样子的——我们想要有一个
DeliveryOrder 对象，它将有自己的状态（如内部合作者）。一旦有了这个对象，我们将
调用它的 message()方法返回这个信息给用户。

2．从应用程序调用

下面是如何在应用程序中使用这些对象。注意这是如何依赖于前面的包（web 和 storage）的，而不是反过来的：

```
from storage import DBClient, DeliveryStatusQuery, OrderNotFoundError
from web import NotFound, View, app, register_route

class DeliveryView(View):
    async def _get(self, request, delivery_id: int):
        dsq = DeliveryStatusQuery(int(delivery_id), await DBClient())
        try
            result = await dsq.get()
        except OrderNotFoundError as e:
            raise NotFound(str(e)) from e

        return result.message()

register_route(DeliveryView, "/status/<delivery_id:int>")
```

在上一节中显示了 domain 对象，在这里显示了应用程序的代码。我们是不是错过了什么？当然，但是我们现在真的需要知道它们吗？不一定。

storage 和 web 包中的代码被故意省略了（尽管我们非常鼓励你去阅读它——该书的存储库，其中包含完整的示例）。而且，选择使用这些包名是为了不暴露任何 storage 和 web 的技术细节，这是有意而为的。

再次查看前面清单中的代码。你能说出它正在使用哪些框架吗？它是否能说明数据是来自于文本文件、数据库（如果是，是什么类型的？是 SQL 还是 NoSQL？）还是其他服务（如 Web）？假设它来自于相关的数据库，是否有关于如何检索此信息的线索（手动 SQL 查询，还是通过一个 ORM）？

网络呢？我们能猜到使用了什么框架吗？

我们无法回答其中任何一个问题，这可能是一个好迹象。这些都是细节，细节应该被封装。我们不能回答这些问题，除非我们看一看那些包里封装的是什么。

还有另一种方法来回答前面的问题，它从问题本身形成的角度考虑：为什么我们需要知道这些？查看代码，我们可以看到有一个 DeliveryOrder，它是用一个交付标识符创建的，并且它还有一个 get() 方法，该方法返回一个表示交付状态的对象。如果所有这些信息都是正确的，那就是我们应该关心的。怎么做又有什么关系呢？

我们创建的抽象使代码具有声明性。在声明式编程中，我们声明所要解决的问题，而不是我们想要如何解决它。这与命令式相反，在命令式中，我们必须明确地执行所需的所有步骤，以便达到某个目的（如连接到数据库、运行此查询、解析结果、将其加载到此对象，等等）。在这种情况下，我们声明只想知道某个标识符给出的交付状态。

这些包负责处理细节，并以一种方便的格式表示应用程序所需的内容，即上一节中介绍的对象。我们只需要知道 storage 包中包含一个对象，这个对象给定了一个传递和存储客户端的 ID（为了简单起见，这个依赖被注入这个示例中，但是其他的替代方法也是可能的），它将检索 DeliveryOrder，然后我们可以要求它编写信息。

这种架构提供了便利，并且更容易适应变化，因为它保护业务逻辑的核心不受可能变化的外部因素的影响。

假设我们想要改变信息的检索方式，那会有多困难？应用程序依赖于 API，如下所示。

```
dsq = DeliveryStatusQuery(int(delivery_id), await DBClient())
```

因此，它将只是改变 get() 方法的工作方式，使其适应新的实现细节。我们需要的只是让这个新对象返回其 get() 方法的 DeliveryOrder，这样就可以了。我们可以更改查询、ORM、数据库等，而且在所有情况下，应用程序中的代码都不需要更改。

3．适配器

尽管如此，在不查看包中代码的情况下，我们可以得出结论，它们作为应用程序技术细节的接口工作。

事实上，由于我们从高层的角度看待应用程序，不需要看代码，因此我们可以想象在这些包中必须有适配器设计模式的实现（第 9 章）。其中一个或多个对象正在使外部实现适应应用程序定义的 API。通过这种方式，想要使用应用程序的依赖必须符合 API，并且必须建立一个适配器。

不过，在应用程序的代码中有一条关于这个适配器的线索。请注意视图是如何构造的。它继承自一个名为 View 的类，该类来自 web 包。我们可以推断，这个 View 类反过来又是一个从一个可能正在被使用的 web 框架派生的类，这个类通过继承创建一个适配器。需要注意的重要一点是，一旦完成了这项工作，唯一重要的对象就是 View 类，因为在某种程度上，我们正在创建自己的框架，该框架基于对现有框架的调整（但再次更改框架将意味着只更改适配器，而不是整个应用程序）。

10.3.2　服务

要创建服务，我们将在 Docker 容器中启动 Python 应用程序。从基本映像开始，容器必须安装应用程序要运行的依赖，应用程序对操作系统级别也有依赖。

这实际上是一个选择，因为它取决于依赖的使用方式。如果我们使用的包需要在安装时编译操作系统上的其他库，我们可以简单通过为库平台构建一个打包程序并直接安装的方式来避免这种情况。如果运行时必须需要这些库，那么除了将它们作为容器映像的一部分，别无选择。

现在，我们将讨论准备 Python 应用程序在 Docker 容器中运行的多种方法之一。这是将 Python 项目打包到容器中的众多备选方案之一。首先，我们看看目录的结构是什么样子的：

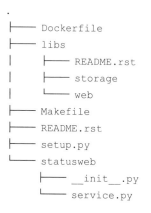

```
.
├── Dockerfile
├── libs
│   ├── README.rst
│   ├── storage
│   └── web
├── Makefile
├── README.rst
├── setup.py
└── statusweb
    ├── __init__.py
    └── service.py
```

可以忽略 libs 目录，因为它们只是放置依赖的位置（这里显示它们是为了在 setup.py 文件中引用依赖时记住它们，但是它们可以放置在不同的存储库中，并通过 pip 远程安装）。

我们使用一些帮助命令生成了 Makefile，然后是 setup.py 文件，以及 statusweb 目录中的应用程序本身。打包应用程序和库之间的一个常见区别是，尽管后者在 setup.py 文

件中详细说明了它们的依赖，但前者有一个 requirements.txt 文件，通过 pip install -r
requirements.txt 安装依赖。通常，我们会在 Dockerfile 中做这件事，但是为了使这个特定
示例中的操作更简单，我们假设从 setup.py 文件中获取依赖项就足够了。这是因为除了
这个考虑，在处理依赖时还需要考虑很多因素，例如冻结包的版本、跟踪间接依赖、使
用额外的工具（如 pipenv），以及更多超出本章范围之外的话题。此外，为了保持一致性，
通常还会从 requirements.txt 中读取 setup.py 文件。

现在我们有了 setup.py 文件的内容，它描述了应用程序的一些细节：

```
from setuptools import find_packages, setup

with open("README.rst", "r") as longdesc:
    long_description = longdesc.read()

install_requires = ["web", "storage"]

setup(
    name="delistatus",
    description="Check the status of a delivery order",
    long_description=long_description,
    author="Dev team",
    version="0.1.0",
    packages=find_packages(),
    install_requires=install_requires,
    entry_points={
        "console_scripts": [
            "status-service = statusweb.service:main",
        ],
    },
)
```

我们注意到的第一件事是，应用程序声明了它的依赖项，这些依赖项就是我们在 libs/
下创建和放置的包，即 web 和 storage，抽象并适应一些外部组件。反过来，这些包将具
有依赖关系，因此我们必须确保容器在创建映像时安装所有必需的库，以便这些库能够
成功安装，然后安装这些包。

我们注意到的第二件事是传递给 setup 函数的 entry_points 关键字参数的定义。这不
是严格强制要求的，但创建一个入口点是个非常好的主意。当包安装在虚拟环境中时，
它将与其所有依赖共享此目录。虚拟环境是具有给定项目依赖的目录结构，它有许多子

目录，但最重要的是如下所示的目录。

- <virtual-env-root>/lib/<python-version>/site-packages
- <virtual-env-root>/bin

第一个子目录包含安装在该虚拟环境中的所有库。如果我们要用它创建一个虚拟环境，该目录将包含 web、storage 包及其所有依赖，以及一些额外的基本包和当前项目本身。

第二个子目录中的/bin/包含在虚拟环境处于活动状态时可用的二进制文件和命令。默认情况下，它只是 Python、pip 和其他一些基本命令的版本。当我们创建一个入口点时，一个带有声明名称的二进制文件就会被放在那里，因此当环境处于活动状态时，我们可以运行该命令。调用此命令时，它将运行与虚拟环境的所有上下文一起指定的函数。这意味着它是一个二进制文件，我们可以直接调用，而不必担心虚拟环境是否处于活动状态，或者依赖是否已经被安装在当前运行的路径中。

其定义如下：

```
"status-service = statusweb.service:main"
```

等号的左边声明了入口点的名称。在本例中，我们将有一个名为 status-service 的可用命令。等号的右边声明了该命令应该如何运行。函数定义的地方需要包，后面跟着函数名。在本例中，将运行 statusweb/service.py 中声明的 main 函数。

接下来是 Docker 文件的定义：

```
FROM python:3.6.6-alpine3.6

RUN apk add --update \
    python-dev \
    gcc \
    musl-dev \
    make

WORKDIR /app
ADD . /app

RUN pip install /app/libs/web /app/libs/storage
RUN pip install /app
```

```
EXPOSE 8080
CMD ["/usr/local/bin/status-service"]
```

该映像是基于一个轻量级的 Python 映像构建的，然后安装操作系统依赖，以便可以安装我们的库。根据前面的考虑，这个 Dockerfile 简单地复制了库，但也可以相应地从 requirements.txt 文件中安装。在所有 pip install 命令就绪后，它将应用程序复制到工作目录中，Docker 的入口点（CMD 命令，不要与 Python 命令混淆）调用包的入口点，我们将在其中放置启动进程的函数。

由于所有配置都是由环境变量传递的，因此服务代码必须符合这个规范。

在涉及更多服务和依赖的更复杂的场景中，我们将不仅运行所创建容器的映像，还声明一个 docker-compose.yml 文件。这个文件中包含所有服务、基本映像的定义，以及它们是如何链接和互连的。

现在我们已经运行了容器，可以启动它并运行一个小测试，以了解它是如何工作的：

```
$ curl http://localhost:8080/status/1
{"id":1,"status":"dispatched","msg":"Order was dispatched on
2018-08-01T22:25:12+00:00"}
```

10.3.3 分析

从以前的实现中可以得出许多结论。虽然前面的实现看起来像是一种好方法，但也有一些缺点，这些缺点伴随着优点出现；毕竟，没有一个架构或实现是完美的。这意味着像这样的解决方案不能适用于所有情况，因此它在很大程度上取决于项目、团队、组织等的环境。

虽然解决方案的主要思想确实是尽可能地抽象细节，但正如我们将看到的，有些部分不能完全抽象掉，而且层之间的契约意味着抽象泄漏。

1. 依赖关系流

注意，依赖关系只沿着一个方向流动，因为它们总是移向靠近业务规则所在的内核。可以通过查看 import 语句来跟踪它们。例如，应用程序从存储中导入它所需的所有内容，并且没有任何部分是反向的。

违反这个规则将会产生耦合。现在代码的排列方式意味着应用程序和存储之间的依赖很弱。API 是这样的，我们需要一个带有 get() 方法的对象，任何想要连接到应用程序的存储都需要根据这个规范实现这个对象。因此，依赖是反转的，它取决于实现这个接口的每个存储，以便根据应用程序的期望创建一个对象。

2. 局限性

并不是所有东西都能被抽象出来。在某些情况下，这是完全不可能的；而在其他情况下，这可能是不方便的。我们先从方便的角度讨论。

在这个示例中，有一个 Web 框架的适配器可以选择一个整洁的 API 来呈现给应用程序。在更复杂的场景中，这样的更改也许是不可能的。即使有了抽象，库的某些部分仍然对应用程序可见。在某些情况下，调整整个框架很困难，而且也不可能。完全与 Web 框架隔离并不是全部的问题，因为我们迟早需要框架的一些特性或技术细节。

这里的要点不是适配器，而是尽可能地隐藏技术细节的想法。这意味着，最好的事情是，显示在应用程序的代码清单中的并不是事实，而事实是 Web 框架版本和实际应用的框架版本之间有一个适配器，但是后者的名字在任何可见部分的代码中都没有被提及。由该服务可明确表明，Web 只是一个依赖（一个正在导入的细节），并且揭示了它应该做什么的意图。其目的是揭示意图（如代码中所示），并尽可能推迟细节。

至于什么东西是不能被隔离的，那就是最接近代码的元素。在本示例中，Web 应用程序以异步方式使用其内部操作的对象。这是我们无法回避的一个严格限制。的确，storage 包中的任何内容都可以被变更、重构和修改，但是无论这些修改是什么，它仍然需要保留接口，包括异步接口。

3. 可测试性

同样，就像代码一样，架构可以受益于将各个部分分解成更小的组件。依赖现在由单独的组件隔离和控制，这一事实使我们可以对主应用程序进行更整洁的设计，现在更容易忽略边界，而专注于测试应用程序的核心。

我们可以为依赖创建一个补丁，并编写更简单的单元测试（它们不需要数据库），或者启动整个 Web 服务。使用纯 domain 对象意味着更容易理解代码和单元测试。甚至适配器也不需要那么多测试，因为它们的逻辑应该非常简单。

4．意图揭示

这些细节包括保持函数简短、关注点分离、依赖隔离，以及在代码的每个部分为抽象分配正确的含义。意图揭示是代码中的一个关键概念，必须明智地选择每个名称，清楚地传达它应该做什么。每个函数都应该讲述一个故事。

一个好的架构应该揭示它所包含的系统的意图，不应该提及它所使用的工具，这些都是细节，正如我们详细讨论过的，细节应该被隐藏和封装。

10.4　小结

好的软件设计原则适用于所有层次。就像我们想要编写可读的代码一样，为了实现这一点，我们需要注意代码的意图揭示程度，架构也必须表达它试图解决的问题的意图。

所有这些想法都是相互关联的。确保架构遵循领域问题定义的相同意图，也会使我们尽可能地抽象细节、创建抽象层、反转依赖和分离关注点。

当涉及复用代码时，Python 包是一个很好且灵活的选择。在决定创建包时，诸如内聚性和单一责任原则（SRP）之类的标准是最重要的考虑因素。为了使组件具有内聚性和很少的职责，微服务的概念开始发挥作用，为此，我们看到了如何从打包的 Python 应用程序开始将服务部署到 Docker 容器中。

与软件工程中的任何事情一样，有限制，也有例外。不可能总是像我们希望的那样抽象事物，或者完全隔离依赖。有时候，完全遵守书中所解释的原则是不可能的（或不现实的）。但这可能是你应该从书中得到的首选建议——即它们只是原则，而不是法律。如果从框架中抽象是不可能的，或者是不现实的，这应该不是问题。请记住，全书都引用了 Python 本身的禅意：**实用性胜过纯粹性**。

写在最后

本书给出的是一种通过某些标准实现软件解决方案的可能方法，仅供参考。全书借示例阐释了这些标准，并给出了每个决策的基本原理。你很可能不认同这些示例所采用的方法，这实际上是很好的，因为观点越多，争论就越丰富。但不管意见如何，重要的是要明确，本节所呈现的绝不是强指示，不是必须严格遵守的。恰恰相反，这是一种向你展示解决方案和一些你可能会发现有用的想法的方式。

正如本书开头所说的，本书的目的不是给你提供"食谱"或可以直接应用的公式，而是引导你发展批判性思维。习惯用法和语法特征随时间不断变化，但是思想和核心软件概念仍然存在。有了这些工具和示例，你应该能更好地理解代码整洁的含义。

笔者真诚地希望本书能助力你成为更好的开发人员，祝你在项目开发中有好运！